U0783799

编程

等级考试

通关宝典

图形化一级

Scratch 3.0

高途编程教研中心 编

华中科技大学出版社
http://press.hust.edu.cn
中国·武汉

图书在版编目（CIP）数据

编程等级考试通关宝典. 图形化一级 / 高途编程教研中心编. -- 武汉 :华中科技大学出版社，2023.6

ISBN 978-7-5680-9448-1

Ⅰ. ①编… Ⅱ. ①高… Ⅲ. ①程序设计－青少年读物 Ⅳ. ①TP311.1-49

中国国家版本馆CIP数据核字（2023）第075695号

编程等级考试通关宝典（图形化一级）　　　　　　高途编程教研中心　编

Biancheng Dengji Kaoshi Tongguan Baodian (Tuxinghua Yiji)

出版发行: 华中科技大学出版社（中国·武汉）	电话: （027）81321913	
地　　址: 武汉市东湖新技术开发区华工科技园	邮编: 430223	

策划编辑: 彭霞霞	封面设计: 张　煜
责任编辑: 周怡露	责任监印: 朱　玢

印　　刷: 天津睿和印艺科技有限公司
开　　本: 889 mm×1194 mm　1/16
印　　张: 8
字　　数: 111千字
版　　次: 2023年6月第1版 第1次印刷
定　　价: 79.00元

本书若有印装质量问题，请向出版社营销中心调换
全国免费服务热线: 400-6679-118 竭诚为您服务
版权所有　侵权必究

前言

亲爱的读者，你好！

当你阅读这本书，也许你正在为全国青少年软件编程等级考试做准备，此时的你是否会对考试内容感到迷茫呢？相信这本书能为你提供帮助。如果你想要了解更多有关编程等级考试的内容，请接着往下阅读。

图形化编程是什么

图形化编程是利用可视化图形编程语言编写程序，我们通过搭建积木的方式完成编程创作。

在阅读本书后，你需要用 Scratch 3.0 软件完成一些练习。Scratch 软件是美国麻省理工学院发布的一种面向青少年的图形化编程工具，所有人都可以在软件中创作程序。

我们推荐使用 Scratch 3.0 离线编程工具进行学习，离线编程工具无须联网也可使用。

全国青少年软件编程等级考试是什么

全国青少年软件编程等级考试由中国电子学会主办，是全国首个对青少年软件编程能力水平进行社会化评价的考试。主办方中国电子学会成立于 1962 年，是中国科学技术协会的重要组成部分，是 5A 级全国学术类社会团体，总部是工业和信息化部直属事业单位。

全国青少年软件编程等级考试内容包含图形化编程和代码编程，本书重点讲解图形化编程。

编写特色

直击考点，题型全覆盖：本书以全国青少年软件编程等级考试考纲为依据，将全书分为 7 个专题，其中专题一到专题六围绕考点知识展开讲解，专题七为程序设计实现，帮助你进行编程实操。"考情一点通"和"考点清单"帮助你掌握考试要求，让"考什么""怎么考"不再是问题。

讲练结合，纸上编程课：每个考点详解后都有相匹配的精选例题，每个专题后都有对应的巩固训练。题目看不懂怎么办？手机扫码即可观看讲解视频，备考有老师，告别闷头做题，效率更高。

致谢

感谢你愿意花时间阅读这本书，祝愿你能顺利通过考试。我们秉承着"做高品质图书"的精神打造本书，但疏漏与不妥之处在所难免，若你在阅读中发现任何问题或有改善性意见，欢迎与我们联系：hehailiang@baijia.com。

通过考试不是编程学习的最终目的，希望这本书在帮助你备考时能让你感受到编程的魅力，希望你在阅读本书时能收获知识，也能收获快乐。

高途编程教研中心

目录

熟悉编程软件

Scratch 3.0 是一款图形化编程工具。使用 Scratch 3.0 进行编程前，我们需要先熟悉 Scratch 3.0 的界面组成与基础功能。本专题中，我们将一起学习 Scratch 3.0 的基础操作。

 考情一点通 01

考点评估	考查要求
难度 ⭐⭐☆☆☆	本专题要求学生能打开软件并选择语言，认识舞台区、角色区、模块区、程序区、造型标签、声音标签、背景，能新建和保存作品，掌握程序的启动和停止操作。
考查题型 单选、判断、编程	

 考点清单 02

知识结构图

熟悉编程软件
- 考点一 编程软件的功能区
- 考点二 编程软件的基本要素
- 考点三 文件的基本操作
- 考点四 程序的启动和停止

| 考点一 | 编程软件的功能区 | 考点详解 |

在电脑上打开 Scratch 3.0 就会看到下面的界面，一起来看看吧！

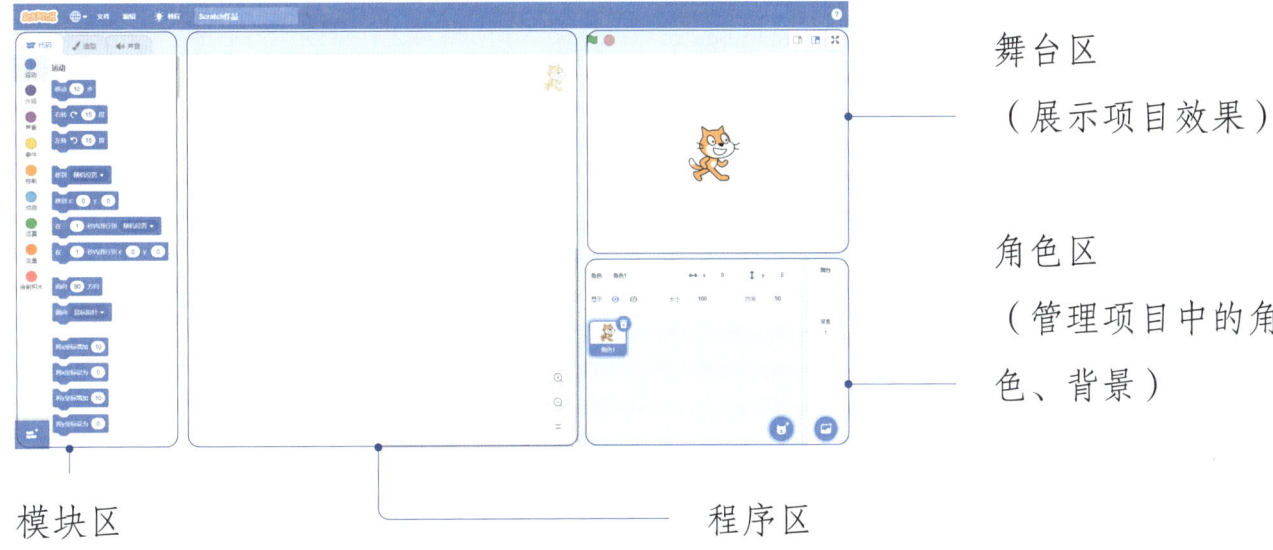

舞台区
（展示项目效果）

角色区
（管理项目中的角色、背景）

模块区
（包含代码、造型、声音 3 个标签。代码标签包含各种积木块）

程序区
（又称脚本区，可进行积木拼接，右上角半透明图案为当前编程角色）

| 考点一 | 编程软件的功能区 | 考点探究 |

例题一（2019.12 考试真题）

下图红框标注的区域是？（　　　）

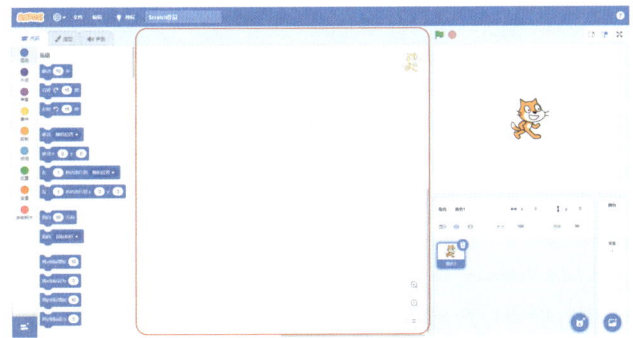

A. 舞台区

B. 模块区

C. 程序区

D. 角色区

扫码看讲解视频

解析

这道题考查的是编程软件的功能区划分。编程软件共分四个区域：模块区、程序区、舞台区和角色区。中间空白处用于拼接积木的功能区是程序区。故答案选 C。

| 考点二 | 编程软件的基本要素 | 考点详解 |

1. 认识标签

模块区有 3 个标签，包括代码、造型和声音。3 个标签对应的功能不同，界面也会变化。

列出所有的积木块

添加、编辑角色的造型

添加、编辑音频

2. 程序区的缩放

程序区右下角的 3 个按钮，可以将程序区放大、缩小和还原。

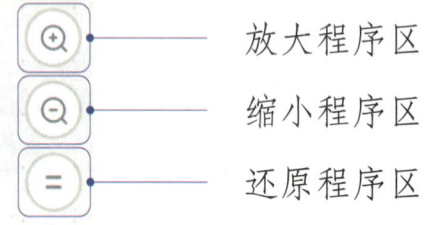

放大程序区

缩小程序区

还原程序区

3. 认识角色和舞台

角色：能进行编程、实现一定功能的对象。

舞台：可添加背景作为角色活动的场景，不会遮挡舞台中的角色。一个项目可以有多个角色，但只有一个舞台。

在舞台上，我是一个角色,草地就是背景。

项目中的舞台

项目中的角色

4. 认识角色编辑栏

角色编辑栏位于角色区内角色列表的上方，可以修改角色的名称、位置、显示状态、大小和面向方向。

角色的名称

（一个程序中不能有同名的角色） 角色的位置

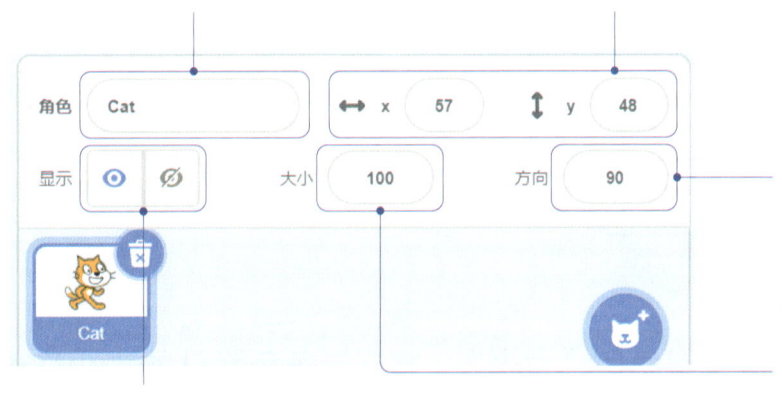

角色的面向方向

（默认角色面向右边，方向数值为90）

角色的大小

（默认数值为100）

角色在舞台上的显示状态（显示或隐藏）

考点二　　编程软件的基本要素　　　　考点探究

例题二（2020.12 考试真题）

可以改变下图中"大小"的数值来调节角色大小，目前"大小"数值为"100"，是最大值，不能再变大了。（　　　）

扫码看讲解视频

A. 正确

B. 错误

解析

这道题考查的是在角色编辑栏中设置角色"大小"。100 是角色默认的大小数值，而不是最大值，角色大小数值可以比 100 更大。故答案选 B。

考点三　文件的基本操作　　　考点详解

1. 认识菜单栏

菜单栏

2. 语言选择

编程软件可以选择不同的语言，默认选择为"简体中文"。

"地球"标志，切换语言

简体中文在倒数第二个

3. 文件操作

文件的新建、保存、上传是编程操作中十分重要的内容，Scratch 3.0 没有自动保存文件的功能。

作品名称

默认名称：Scratch 作品

建立空白的新作品

打开电脑中的编程作品，格式为 .sb3

将编程作品保存到电脑中，文件格式

为 .sb3

◎ 备考锦囊

（1）要注意将文件保存在方便查找的位置，便于下次更快地找到这个文件。

（2）完成一个作品之后开始制作另一个作品时，需先保存前一个作品，再新
建下一个作品。如果已完成的作品未保存而直接选择新作品，那么已完
成的作品将丢失。

4. 恢复与打开加速模式

恢复刚删除的一个角色

加速运行程序

◎ 备考锦囊

"恢复"功能只能恢复最近删除的一个角色。如果连续删除了多个角色，选
择"恢复"可以恢复最后删除的一个角色。

考点三　　文件的基本操作　　　　　考点探究

例题三（2019.9 考试真题）

下课了，小红想把本节课做的编程作品保存在电脑上，应该如何操作？（　　　）

扫码看讲解视频

A. 直接点关闭按钮，文件自动保存在电脑上

B. 点击文件，然后选择"保存到电脑"命令

C. 关闭电脑主机

D. 点击文件，然后选择"从电脑中打开"命令

解析

这道题考查的是文件的保存。在编程软件中完成程序编写后，如果直接关闭编程软件，程序无法自动保存文件，关闭后无法找回。在完成程序编写后，需要在文件中选择"保存到电脑"，为了便于下次打开程序，保存时注意保存的位置，建议保存在熟悉且容易查找的位置。故答案选 B。

| 考点四 | 程序的启动和停止 | 考点详解 |

1. 认识舞台区

运行程序
（启动程序）

停止程序

小舞台区

大舞台区

默认为大舞台区

（蓝色表示被选中）

全屏模式

2. 程序的启动

事件分类下的"帽子积木"是程序的第一块积木，用于启动程序。不同的积木对应的启动方式不同。编写程序时可根据实际需求选择。

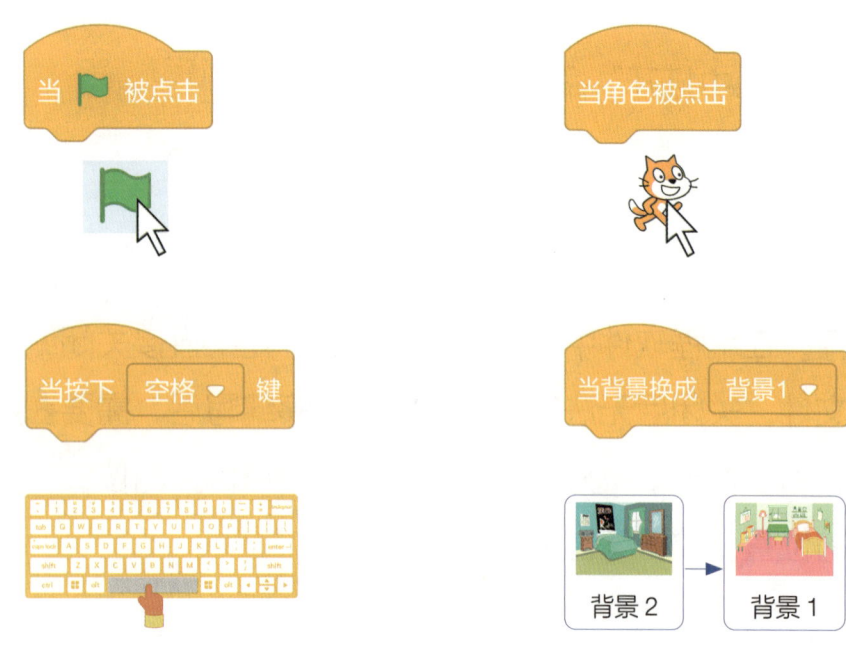

3. 程序的停止

停止程序一般有以下三种方法。

（1）点击停止按钮，可以停止程序。

（2）程序运行结束后自动停止。

（3）使用"停止全部脚本"积木停止程序。

◎ **备考锦囊**

1. 程序启动停止巧记忆

红灯停，绿灯行。

红色停，绿旗动。

2. 舞台区的大小模式

小舞台区　　大舞台区　　全屏模式　退出全屏

考点四　　程序的启动和停止　　　　　　考点探究

例题四（2022.3 考试真题）

小智做好了一个作品，点击图中哪个按钮可以给全班同学演示这个作品？（　　　）

A.

B.

C.

D.

扫码看讲解视频

解析

这道题考查的是程序的启动。小智完成程序编辑后，想要演示程序，需要启动程序。A 选项是缩小舞台区，C 选项是全屏，D 选项是停止程序，启动程序应点击舞台区左上角的 。故答案选 B。

 **巩固练习**

1. （2019.12 考试真题）下列关于舞台的描述，不正确的是？（　　　）

　　A. Scratch 只能设置一个舞台

　　B. 舞台不能进行编程

　　C. 舞台可以有多个背景

　　D. 舞台上可以有角色

扫码看讲解视频

2. （2021.6 考试真题）下面哪个区域可以更改角色的名称？（　　　）

　　A. 程序区

　　B. 舞台区

　　C. 角色区

　　D. 模块区

扫码看讲解视频

3. （2022.9 考试真题）保存图中所示的 Scratch 作品，不修改作品名字，生成的文件名是？（　　　）

　　A. Scratch.sb3

　　B. Scratch.sprite3

　　C. Scratch 作品 .svg

　　D. Scratch 作品 .sb3

扫码看讲解视频

角色的导入、绘制与基本设置

角色是编程作品的重要组成部分，多样的角色在舞台上会演绎不同的效果，那么角色从何而来呢？

在本专题中，我们将一起学习角色的导入、绘制与基本设置。

考情一点通

01

考点评估	考查要求
难度　★★★☆☆	本专题要求学生掌握导入角色的方法，包括角色库导入、上传角色、绘制角色三种方式；能够设置角色大小；了解顺序结构流程图。
考查题型 单选、判断、编程	

考点清单

02

知识结构图

角色的导入
- 考点一　导入角色的方法
- 考点二　导入造型的方法
- 考点三　设置角色的大小
- 考点四　顺序结构流程图

| 考点一 | 导入角色的方法 | 考点详解 |

1. 认识默认角色

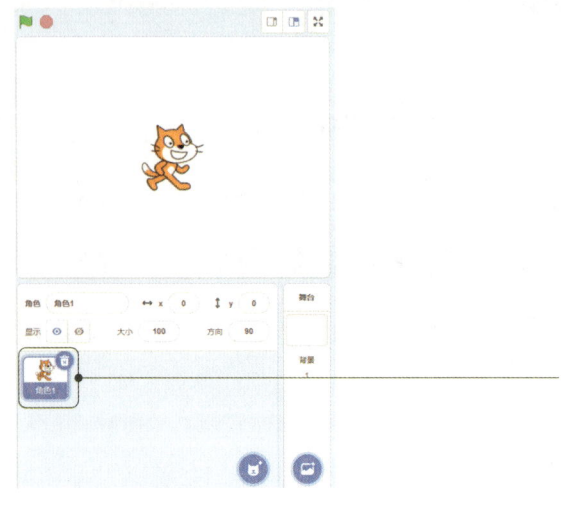

新建作品时本喵自动登场，我是默认角色哦。

2. 导入角色的方法

鼠标指针放在角色区右下角的"猫猫头"上，导入选项自动展开，选择需要的按钮进行角色导入。根据角色不同的来源，导入角色有三种方法。

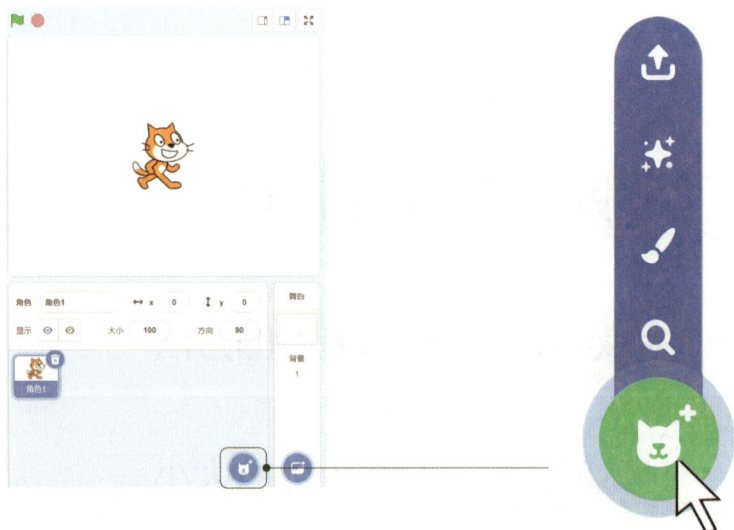

（1）从角色库中导入角色。

角色库中存放了编程软件自带的图片素材。这些素材都可以用作项目角色。5个导入角色的按钮中，有3个按钮表示从角色库中导入角色。

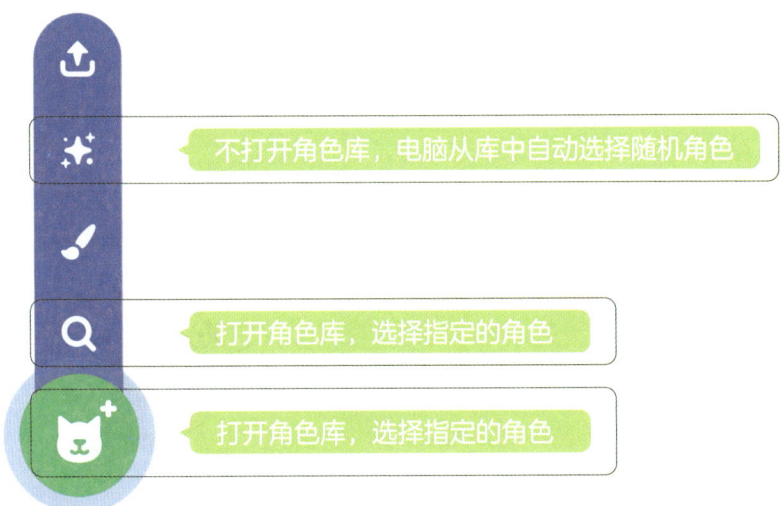

不打开角色库，电脑从库中自动选择随机角色

打开角色库，选择指定的角色

打开角色库，选择指定的角色

点击"放大镜"和"猫猫头"按钮都可以打开角色库，根据自己的需要选择指定的角色。

将鼠标指针放在需要的角色上，单击鼠标左键即可添加角色。

（2）从电脑中上传角色。

上传角色

可以上传网上收集的图片作为角色哦！

（3）使用画板绘制角色。

选择绘制按钮，自动新建空白角色，试试画出独属于你的角色！

认识画板

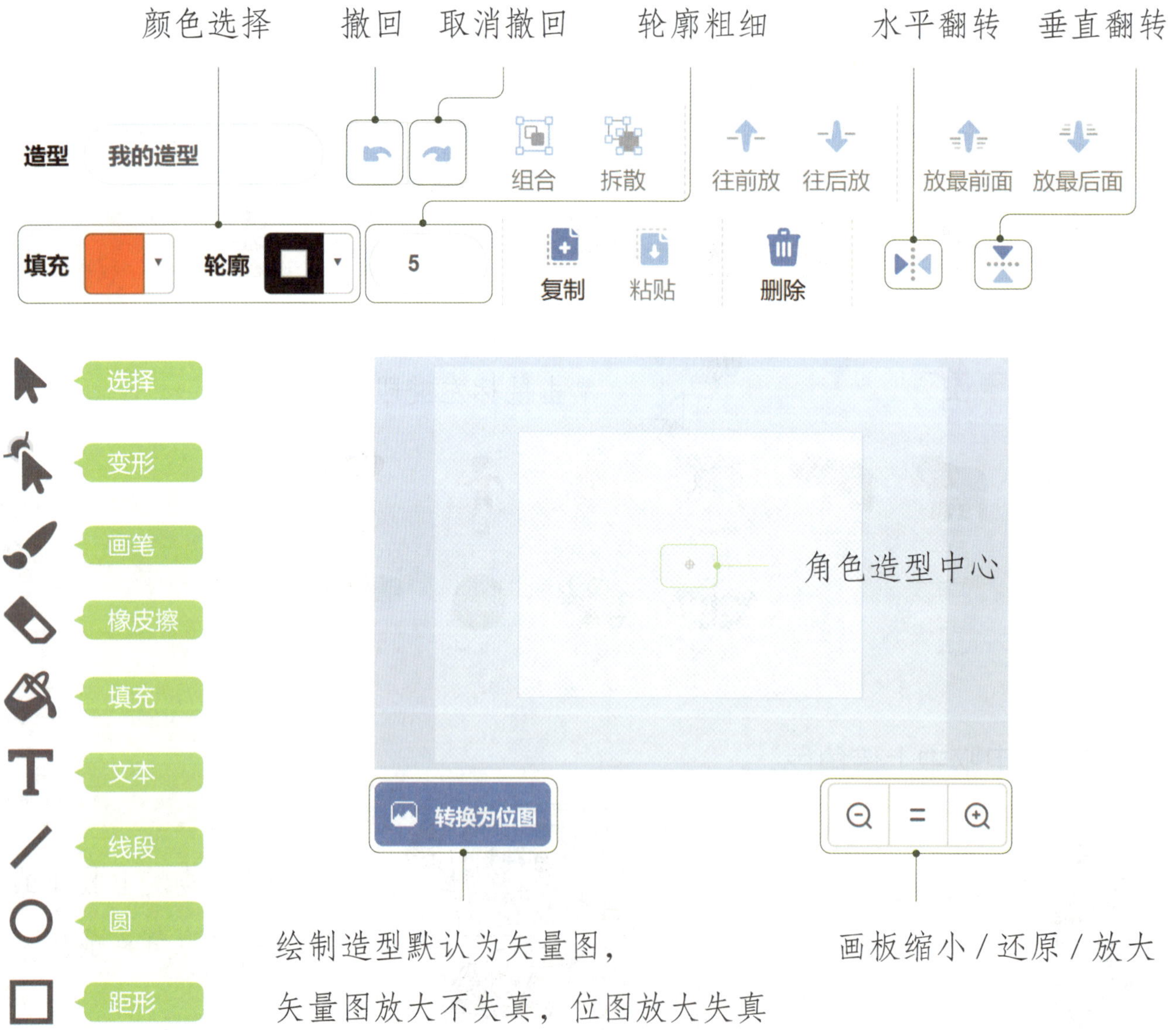

| 颜色选择 | 撤回 | 取消撤回 | | 轮廓粗细 | 水平翻转 | 垂直翻转 |

造型　我的造型

组合　拆散　　往前放　往后放　　放最前面　放最后面

填充　　　轮廓　　　5　　　复制　粘贴　　删除

选择

变形

画笔

橡皮擦

填充

文本

线段

圆

矩形

角色造型中心

转换为位图

画板缩小／还原／放大

绘制造型默认为矢量图，

矢量图放大不失真，位图放大失真

告诉你一个绘制小技巧：画板能直接画出线段、矩形和圆。

◎ **备考锦囊**

三种导入角色的方法

1. 从角色库中导入
2. 从电脑中上传
3. 绘制角色

考点一　导入角色的方法　　　考点探究

例题一（2022.3 考试真题）

小艾想从角色库中找一个爱心角色，应该点击下面哪一个按钮？（　　　）

A. ⬆

B. ✨

C. 🖌

D. 🔍

扫码看讲解视频

解析

这道题考查的是角色导入的方法。A 选项按钮是从电脑中上传角色，B 选项按钮是从角色库中自动选择随机角色，无法选择指定的角色，C 选项按钮是绘制角色，D 选项按钮是从角色库中选择角色，故答案选 D。

考点二	导入造型的方法	考点详解

1. 认识造型

角色的造型就像人的衣服。一个角色能有多个造型。

2. 认识造型列表

选择造型标签，即可进入造型列表，在画板中可编辑该角色的造型。

造型编号

删除中间编号的造型，编号自动重排

删除造型

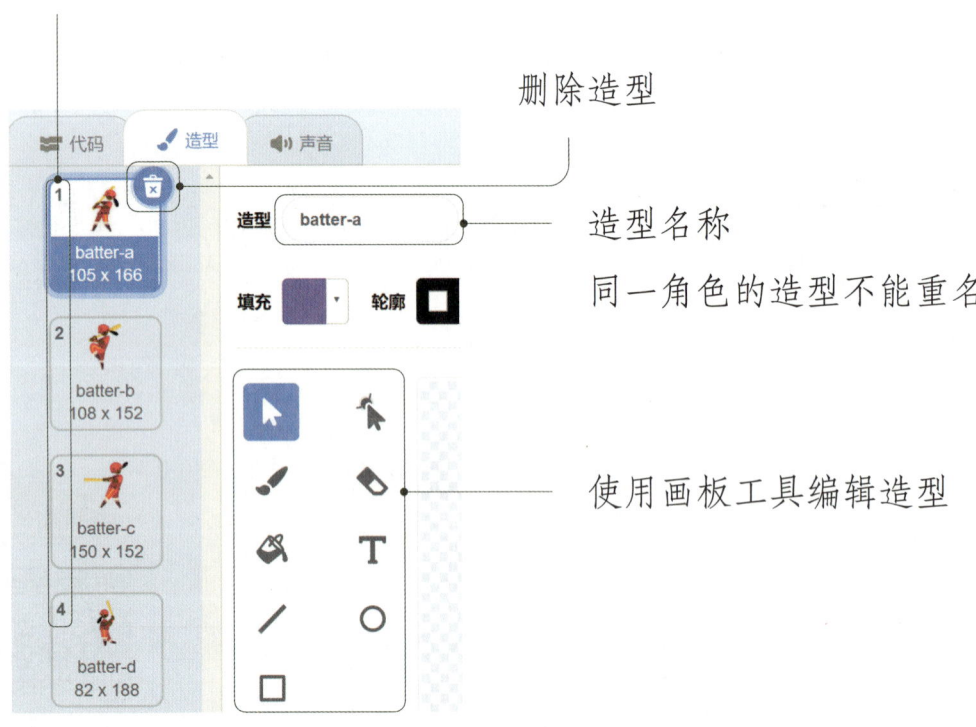

造型名称

同一角色的造型不能重名

使用画板工具编辑造型

3. 导入造型的方法

鼠标指针放在造型下方的"猫猫头"上，导入选项自动展开，选择需要的按钮进行造型导入。

导入造型和导入角色方法相似，不同的是，导入造型还可以使用摄像头拍摄图片，将拍摄的图片作为造型。

使用摄像头拍摄的图片作为造型

从电脑中上传图片作为造型

不打开造型库，电脑从库中随机选择造型

建立空白造型，使用画板绘制

打开造型库，选择指定的造型

打开造型库，选择指定的造型

◎ **备考锦囊**

四种导入
造型的方法

1. 从造型库中导入

2. 从电脑中上传

3. 绘制角色

4. 拍摄造型

◎ 备考锦囊

导入角色和导入造型的按钮外观相似，但所处位置不一样，操作时需注意区分。

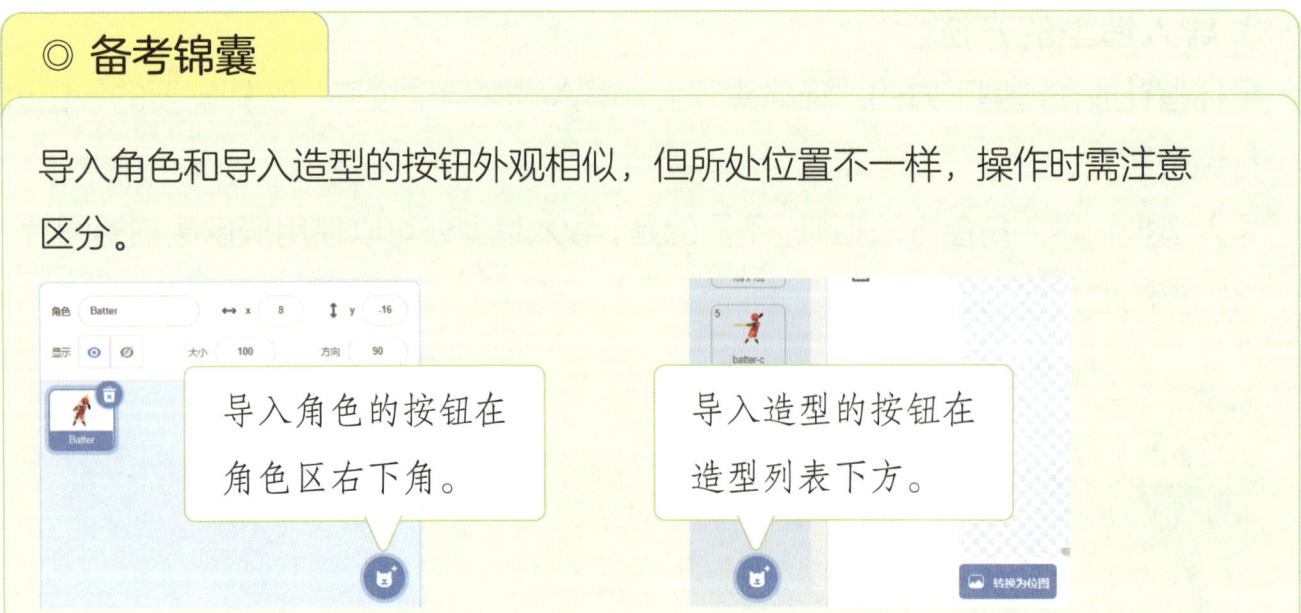

导入角色的按钮在角色区右下角。

导入造型的按钮在造型列表下方。

考点二   导入造型的方法   考点探究

例题二（2021.6 考试真题）

白鸽造型的嘴里衔着绿叶，想要将绿叶去掉，该用什么功能？（   ）

扫码看讲解视频

A. 🩹

B. **T**

C. 🖌

D. 🖊

解析

这道题考查的是编辑角色造型。A 选项是橡皮擦，B 选项是文本，C 选项是变形，D 选项取色器，想要将绿叶去掉，需要将绿叶部分擦除，故答案选 A。

考点三	设置角色的大小	考点详解

角色当前的大小可以在角色编辑栏中查看。对于默认角色和导入的新角色，角色大小默认为 100。角色大小的数值越大，舞台上显示的角色越大。

大小 50　　大小 100　　大小 200

查看、修改角色当前的大小数值

想要改变角色的大小，通常使用大小相关的积木进行设置。

设置角色的大小，跟角色当前的大小无关。
小白圈中的参数用于指定大小的数值。

在角色当前大小的基础上，增加、减小角色大小。
小白圈中的参数用于指定大小改变的数值。

◎ **备考锦囊**

编程软件中没有"将大小减小"积木，想要将角色大小减小，在"将大小增加"积木的小白圈中填入负数即可。

将大小增加 10

将大小增加 −10

将角色大小增加 10

大小增加 −10 = 大小减小 10

考点三　设置角色的大小　　　　　　　　　**考点探究**

例题三（2019.12 考试真题）

下面这条指令是指？（　　　）

将大小设为 100

扫码看讲解视频

A. 将角色的大小设为 100%，也就是原始大小

B. 将角色的大小增加为原来的 100 倍

C. 将角色的大小增加 100 像素

D. 将角色的大小设定为 100 像素

解析

这道题考查的是设置角色的大小。"将角色大小设为"与当前大小无关，指将角色大小设置为原始大小的 100%，故答案选 A。

| 考点四 | 顺序结构流程图 | 考点详解 |

程序中从上而下依次执行的结构称为顺序结构。顺序结构流程图中没有分支结构。

◎ **备考锦囊**

顺序结构的特点
1. 从上而下，依次执行
2. 箭头表示执行顺序
3. 没有分支结构

考点四　　顺序结构流程图　　　　　　考点探究

例题四（2022.6 高途模拟题）

下列选项中，哪一项是顺序结构流程图？（　　　）

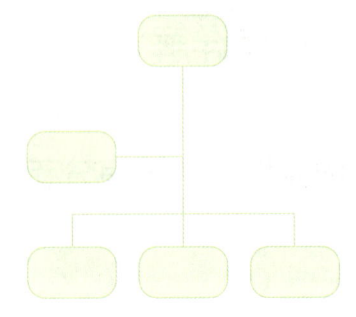

A.

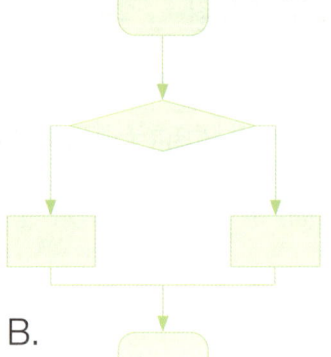

B.

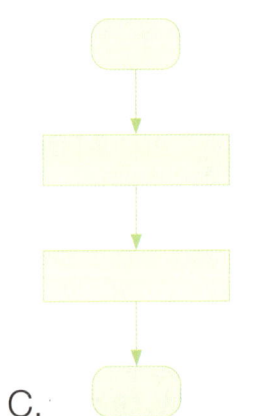

C.

D.

扫码看讲解视频

解析

这道题考查的是顺序执行的结构特点。顺序执行指从上到下依次执行，中间没有分支结构，只有 C 选项满足这个特点，故答案选 C。

巩固练习

03

1.（2021.12 考试真题）在下列区域内不能完成的操作是？（　　　）

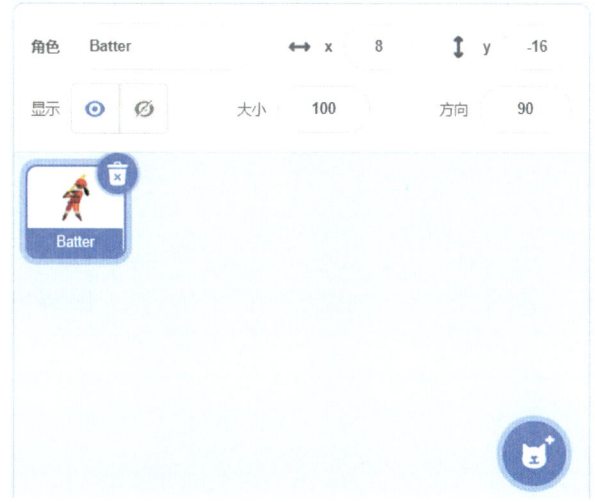

扫码看讲解视频

A. 上传一个角色

B. 修改角色名称

C. 修改造型名称

D. 复制一个角色

2.（2022.9 考试真题）角色包含多个造型，下列说法正确的是？（　　　）

A. 所有造型都是不可修改的

B. 所有造型都是可以修改的

C. 只能修改其中一个造型

D. 不可以自拍一张图片作为新造型

扫码看讲解视频

3.（2022.3 高途模拟题）运行下图积木后，角色的大小是？（　　　）

A. 140

B. 125

C. 50

D. 40

背景的认识

背景能直观地展现程序运行时的场景，让程序更完整，例如：小猫在草地上奔跑，飞船在太空中遨游，正午阳光明媚，入夜明月高悬。合适的背景能丰富作品的效果。

本专题，我们将一起认识图形化编程中的背景。

考情一点通

考点评估	考查要求
难度 ★★★☆☆	本专题要求学生能根据项目要求选取合适的背景；辨析背景和角色的区别；实现背景的切换。
考查题型 单选、判断、编程	

考点清单

02

知识结构图

背景的认识

考点一　导入背景的方法

考点二　切换背景

考点一　　导入背景的方法　　　　　　考点详解

1. 认识舞台背景

舞台的背景就像角色的造型，一个项目只有一个舞台，但舞台可以有多个背景。

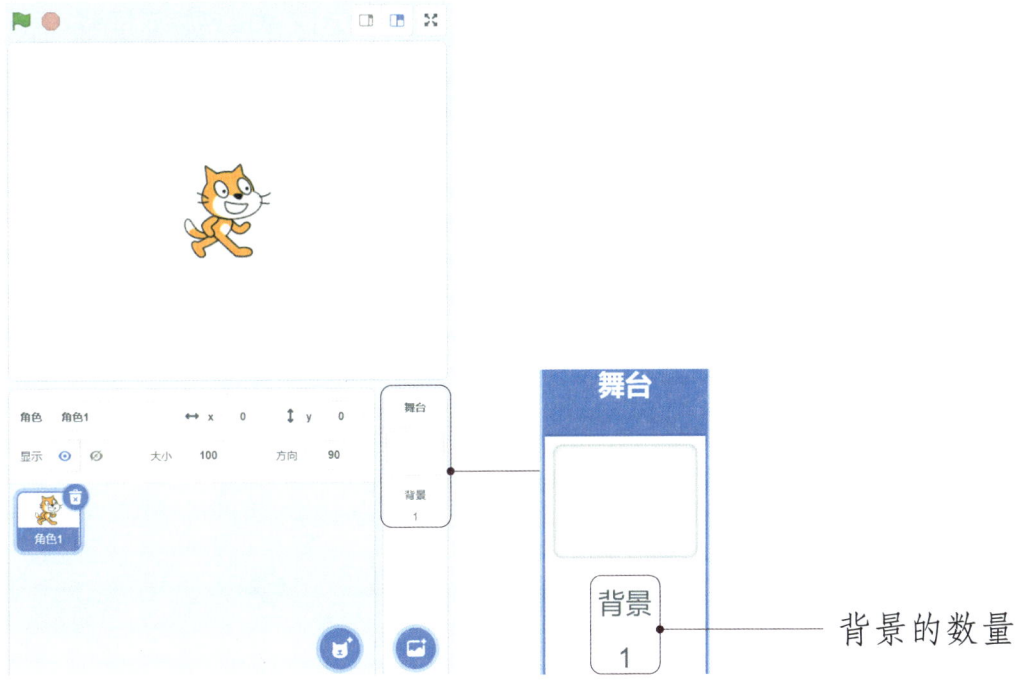

背景的数量

◎ **知识加油站**

舞台的特点

舞台不能移动，没有运动积木。新建作品时，舞台默认有一个空白背景。

2. 导入背景

编程软件中能够导入背景的位置有两处。

◎ **备考锦囊**

位置一

角色区的背景添加按钮

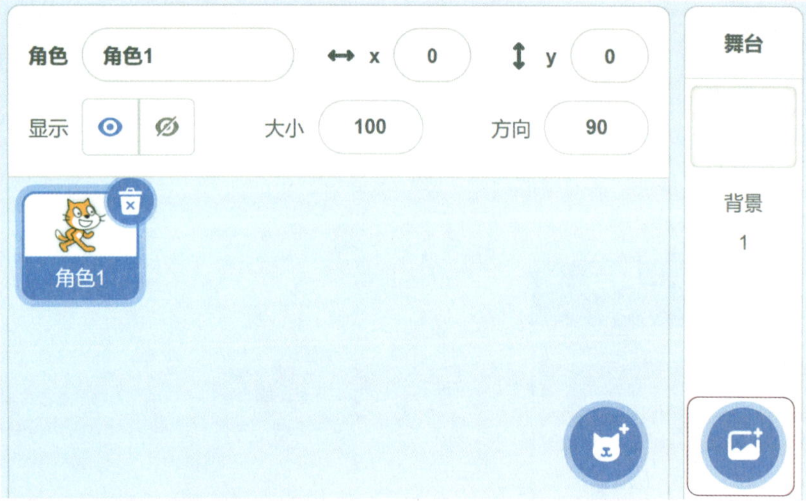

位置一

角色区的背景添加按钮

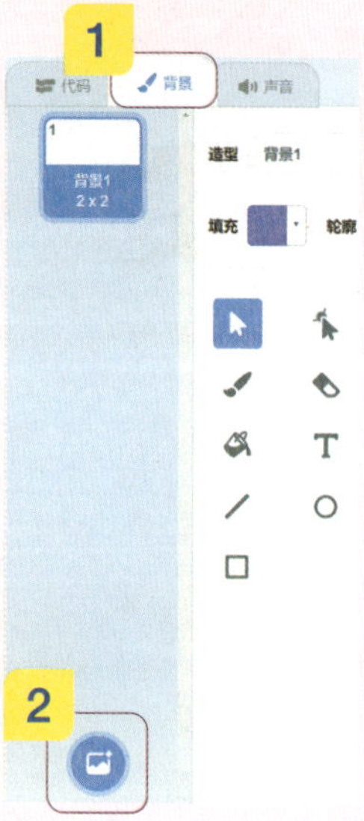

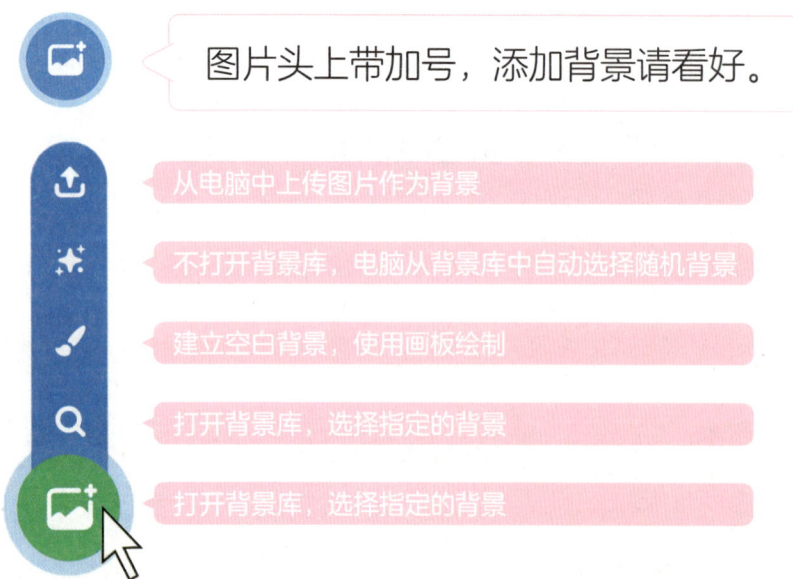

导入背景与导入角色的方法相似，只是按钮外观不同。按钮是矩形图片图标的表示能导入背景，导入背景的方法有三种。

图片头上带加号，添加背景请看好。

从电脑中上传图片作为背景

不打开背景库，电脑从背景库中自动选择随机背景

建立空白背景，使用画板绘制

打开背景库，选择指定的背景

打开背景库，选择指定的背景

◎ **备考锦囊**

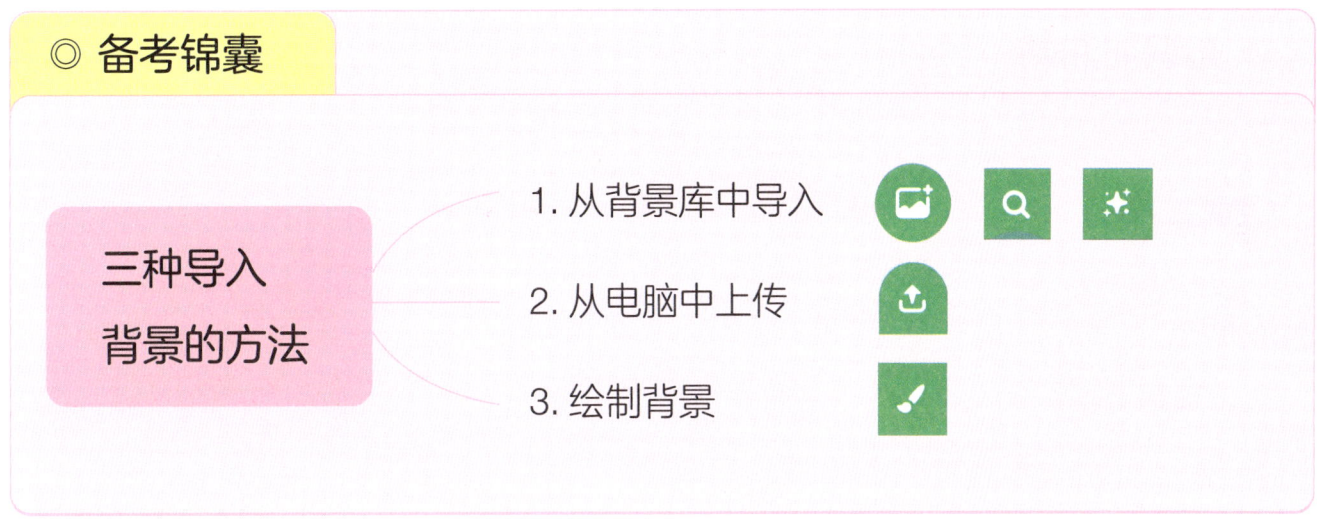

三种导入
背景的方法

1. 从背景库中导入
2. 从电脑中上传
3. 绘制背景

3. 编辑背景

选择"舞台",再选择"背景"标签,进入背景列表,能够添加、删除、修改背景,操作方法类似于编辑造型。

背景编号

删除中间背景,编号从 1 开始自动重排

删除背景

背景名称

修改,名称不能重复

画板工具

用于绘制、修改背景

◎ **知识加油站**

角色可以全部删除，一个不剩。

造型和背景都不能全部删除，至少留下一个。

考点一　　**导入背景的方法**　　　　**考点探究**

例题一（2019.12 考试真题）

关于造型和背景，下面说法不正确的是？（　　　）

A. 造型编号从 1 开始

B. 有四个背景，删除第二个背景，背景编号为 1、3、4

C. 只有一个背景时，不能删除这个背景

D. 角色可以有多个造型，舞台能有多个背景

扫码看讲解视频

解析

这道题考查的是背景的特点。背景编号从 1 开始依次往后排，A 选项正确。删除中间背景后，编号会自动重排，新编号是 1、2、3，B 选项错误。只有一个背景时，不能删除这个背景，C 选项正确。角色能有多个造型，舞台能有多个背景，D 选项正确。故答案选 B。

考点二	切换背景		考点详解

当项目中有两个及以上背景时，可以进行背景的切换。控制背景切换的积木在"外观"分类中。切换背景的方式共两种：按顺序切换到下一个背景或切换成某一个背景。

◎ 备考锦囊

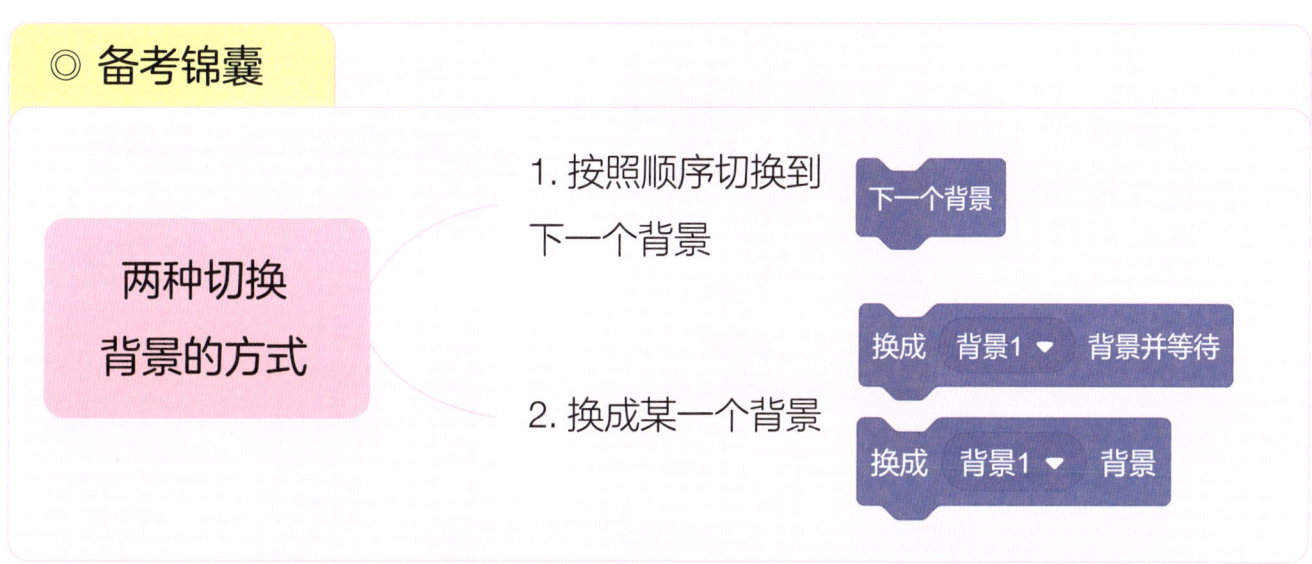

使用"下一个背景"积木时与当前背景有关，只能按照背景顺序向后切换，最后一个背景切换下一个背景就回到第一个背景。

"换成……背景并等待"是舞台特有的积木，角色的"外观"分类中没有这个积木。

使用"换成……背景"积木时与当前背景无关，可以通过选择直接切换到某一个背景，可以是指定背景，也可以是随机背景，需要注意的是，切换一次背景后无法再切换到另一个背景，如果想要连续切换背景，需要使用"下一个背景"积木。

◎ 知识加油站

"换成……背景并等待"积木的用法

此积木常与"当背景换成……"积木一起使用，等待"当背景换成……"的程序执行完成后，再继续向下执行。

例：

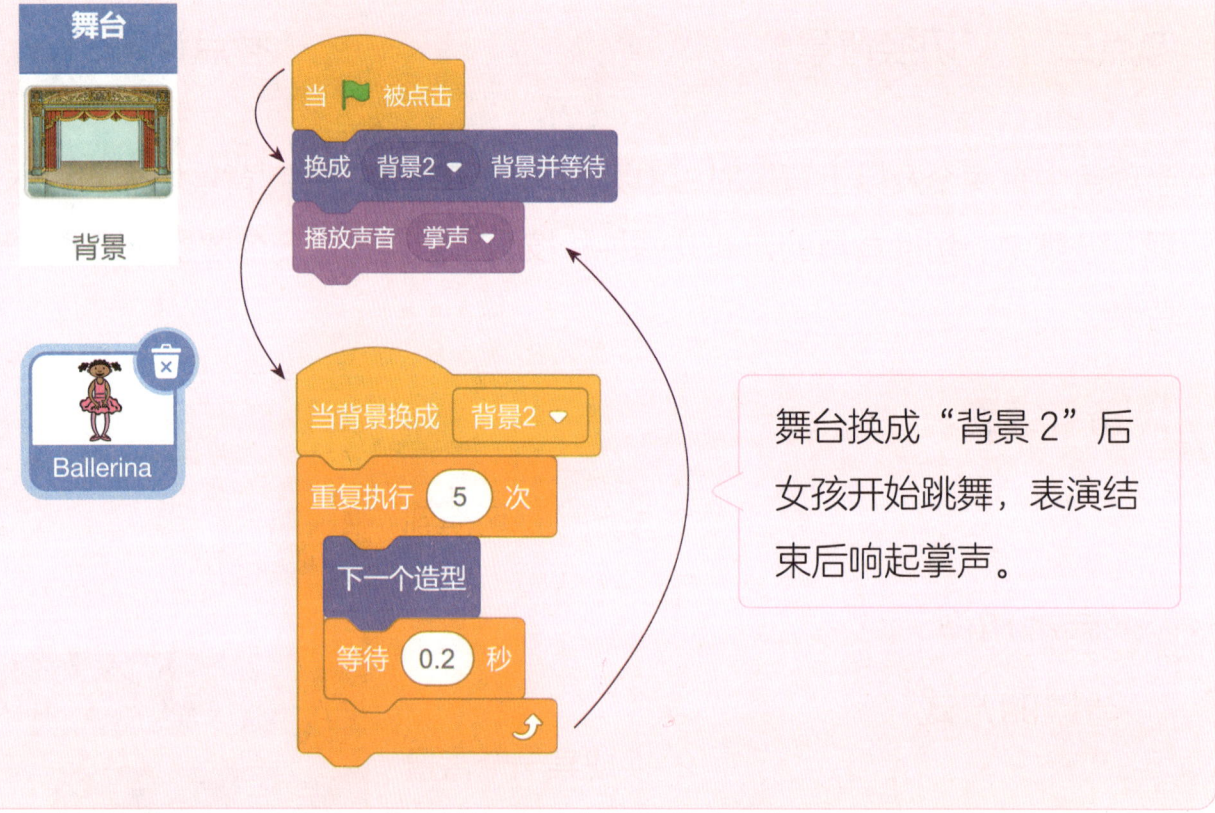

> 舞台换成"背景2"后女孩开始跳舞，表演结束后响起掌声。

考点二	切换背景		考点探究

例题二（2020.9 考试真题）

现在有三个背景："Mountain""Basketball 1""Colorful City"，运行结果如下图。下面哪个程序能够实现背景按顺序切换，在切换到"Basketball 1"背景时，小猫说"我喜欢打篮球"2秒，切换其他背景时小猫都不说话？（　　　）

扫码看讲解视频

A.

B.

C.

D.

解析

这道题考查的是背景的切换。题干的两个要求，一是背景按照顺序切换，一是小猫只在"Basketball 1"背景下说"我喜欢打篮球"。第一个要求四个选项都满足，第二个要求"小猫说'我喜欢打篮球'2秒"，需要使用"换成……背景并等待"，在小猫说完话之后再往后执行，只有 B 选项满足。故答案选 B。

 巩固练习

1. （2019.9 考试真题）小刚导入了一条小鱼作为项目的角色，则应挑选下列哪一个背景更符合生活实际？（　　　）

A.

B.

C.

D.

扫码看讲解视频

2. （2021.12 考试真题）切换舞台背景或角色造型，只能在舞台的脚本区中通过编程实现。（　　　）

　A. 正确

　B. 错误

扫码看讲解视频

3. （2021.6 考试真题）观察下面图片，下面哪个图属于舞台背景中的一部分？
（　　）

A.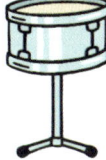

B.

C.

D.

扫码看讲解视频

角色的操作

想要使程序效果更加生动有趣，改变角色的动作和外形是个不错的方法。角色的操作作为每年的必考内容之一，主要涉及运动、外观两大模块，分别可实现角色运动和改变角色外观的功能。

本专题，我们将一起学习角色操作的各项内容。

考情一点通   01

考点评估	考查要求
难度 ★★★★★	本专题要求学生能实现角色的移动、旋转和造型切换。 其中角色的运动轨迹为考查难点。
考查题型 单选、判断、编程	

考点清单   02

 知识结构图

角色的操作
- 考点一　角色的移动
- 考点二　角色的方向
- 考点三　角色的造型切换
- 考点四　角色说一说

考点一　　角色的移动　　　　　　　　　　考点详解

1. 设置角色的位置

角色的位置是指角色在舞台区上的位置。在舞台区，角色的位置可以用坐标来表示，横向的位置用 *x* 坐标表示，竖向的位置用 *y* 坐标表示。舞台中间位置的 *x* 坐标和 *y* 坐标都是 0。

◎ 知识加油站

舞台上边缘：*x* 坐标的范围在 –240~240 之间，*y* 坐标为 180

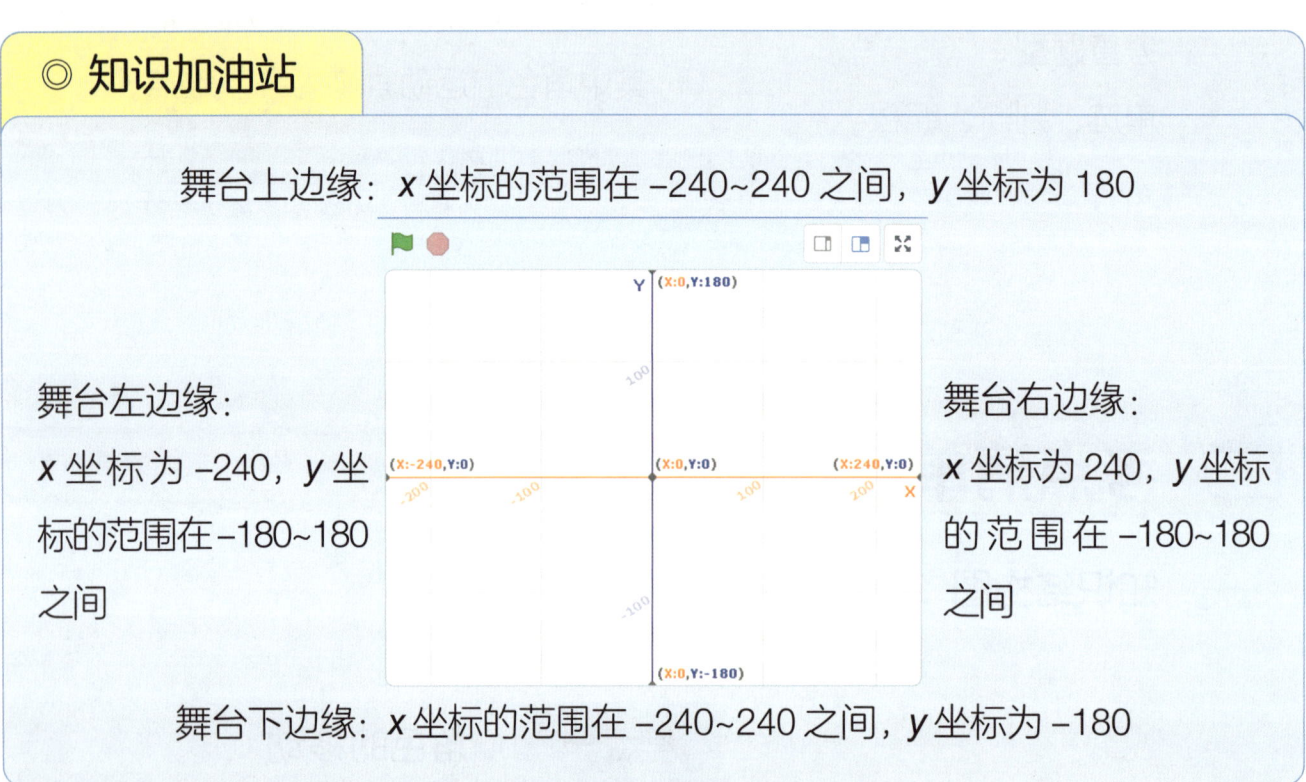

舞台左边缘：
x 坐标为 –240，*y* 坐标的范围在 –180~180 之间

舞台右边缘：
x 坐标为 240，*y* 坐标的范围在 –180~180 之间

舞台下边缘：*x* 坐标的范围在 –240~240 之间，*y* 坐标为 –180

在编程中，常常需要设置角色的位置。设置角色的位置需要使用"运动"分类中的"移到 *x*……*y*……"积木。模块区中的"移到 *x*……*y*……"积木能自动获取角色当前位置。角色位置变化，模块区中积木的 *x* 坐标值和 *y* 坐标值会跟着改变。如果积木被拖动到程序区，*x* 坐标值和 *y* 坐标值不会随角色位置变化而变化。

　　将当前角色移到指定的 *x*、*y* 坐标

在等级考试的程序设计题目中，通常要求设置角色的初始位置，即项目启动时角色所在的位置。设置角色初始位置时，先在舞台区放置角色，找到合适的位置，再拖出积木设置角色位置。设置完成后，每次程序启动时，角色会自动回到初始位置上。

◎ 备考锦囊

设置角色初始位置的方法

1. 用鼠标拖动角色到合适的位置。

2. 积木自动获取角色当前位置，拖出积木并拼接，角色初始位置设置完成。

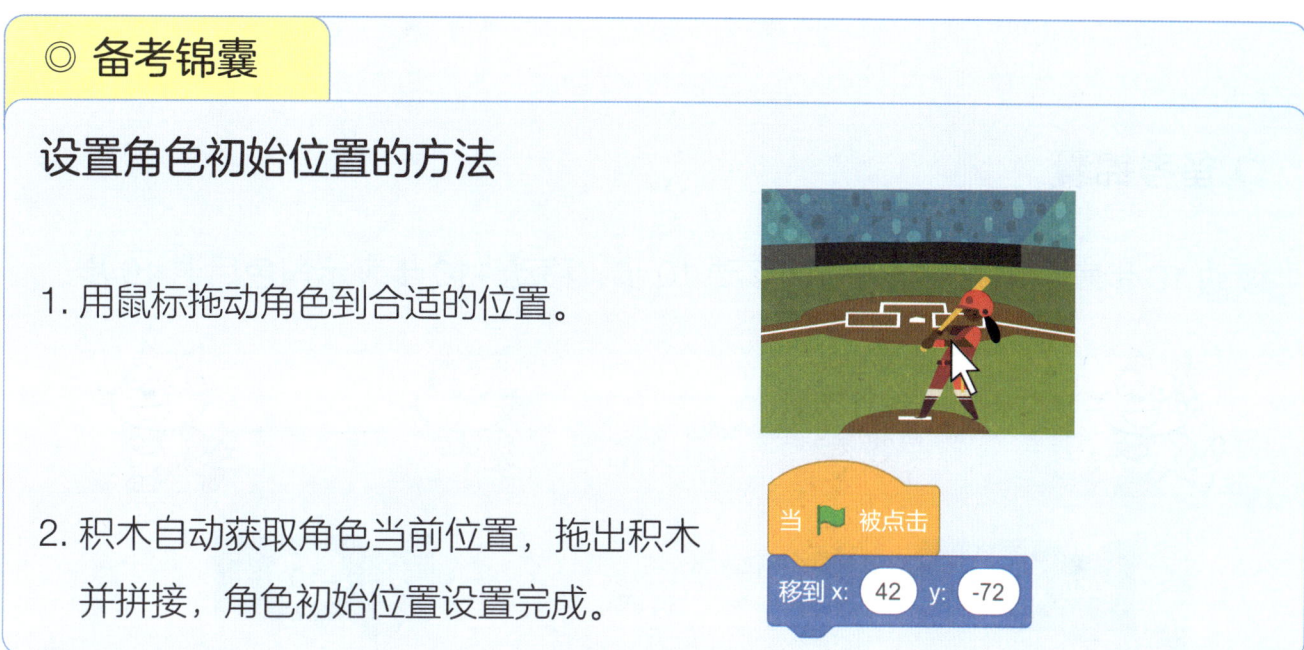

如果想要修改角色的位置，可直接修改"移到 *x*……*y*……"积木中的 *x* 坐标值和 *y* 坐标值。

角色区中能查看角色当前位置，也能修改角色的位置，但仅修改角色区中的 *x* 坐标值和 *y* 坐标值，不使用积木进行设置，就不能让角色在每次程序启动时自动回到设置好的位置。

2. 角色的移动

实现角色移动需要使用"运动"分类中的"移动……步"积木。移动不改变角色方向。

 使当前角色移动指定步数。

小白圈中的参数用于指定步数。

◎ **备考锦囊**

移动 10 步表示角色向当前方向移动 10 步，移动 −10 步表示角色后退 10 步。

| 考点一 | 角色的移动 | 考点探究 |

例题一（2021.12 高途模拟题）

角色面向右边，执行下图中的程序，最终效果是？（　　）

A. 向左移动 10 步

B. 向右移动 10 步

C. 向左移动 20 步

D. 向右移动 20 步

扫码看讲解视频

解析

这道题考查的是角色移动。角色默认方向为右，移动步数为正数时，向右移动；移动步数为负数时，向左移动。

根据积木图可得：正数步数为 10 步 +30 步，共 40 步，负数步数为 20 步，40 步 –20 步 =20 步。所以角色一共向右移动了 20 步。故答案选 D。

观察小猫每一步的移动过程，你明白最终效果为什么是向右移动 20 步了吗？

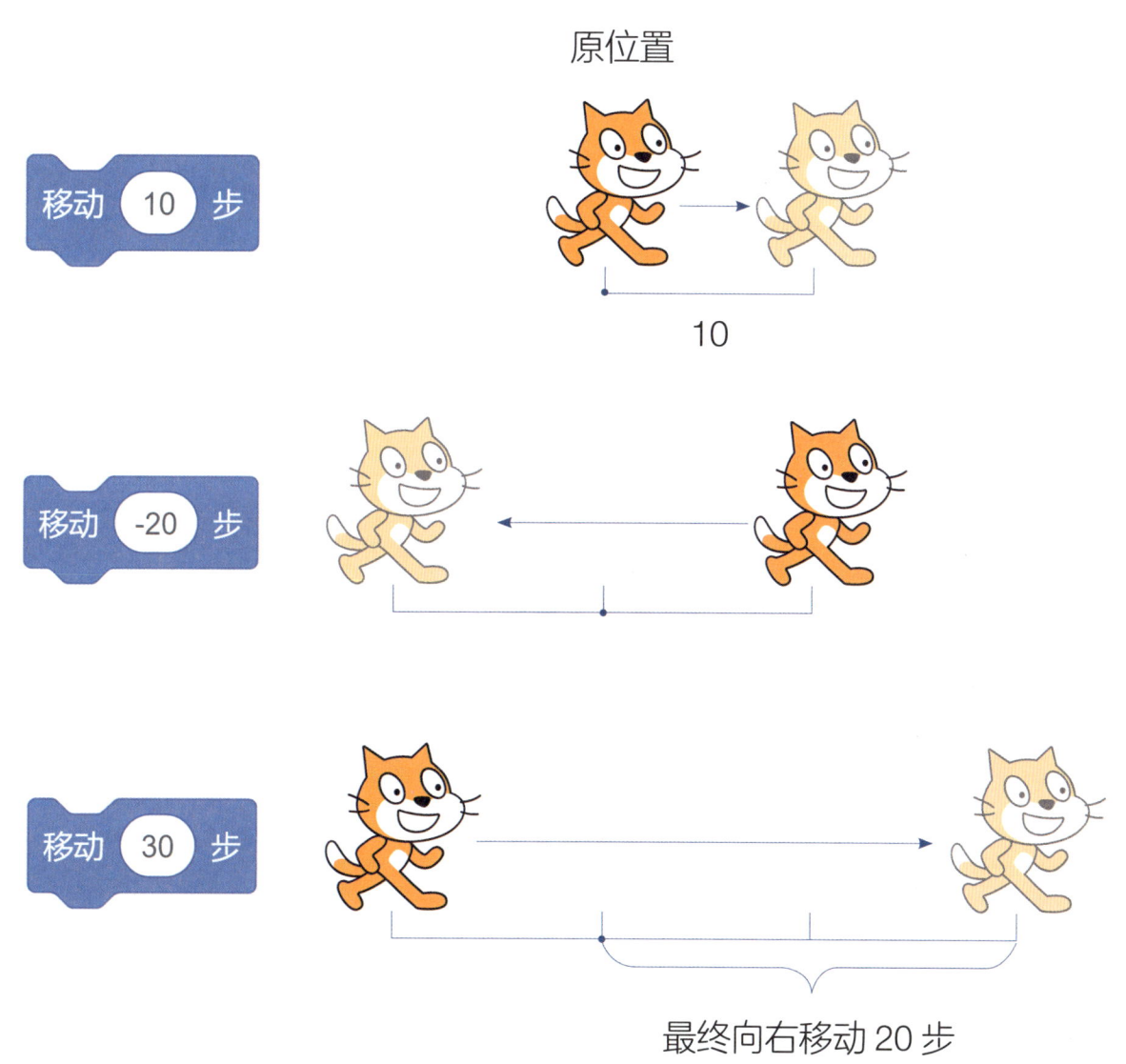

1. 设置角色的方向

角色的方向是角色的面向方向，角色默认面向右边，即角度为 90 度的方向。角色的面向方向也可以在角色区的角色信息栏中查看。

使当前角色面向指定方向。

小白圈中的参数用于指定方向。

◎ 备考锦囊

设置角色方向的方法

单击参数框会打开如下图所示的"角度设置"面板。用鼠标拖动面板右边的箭头可以设置以 15 度为间隔的角度，也可以在参数输入框中直接输入任意的角度。

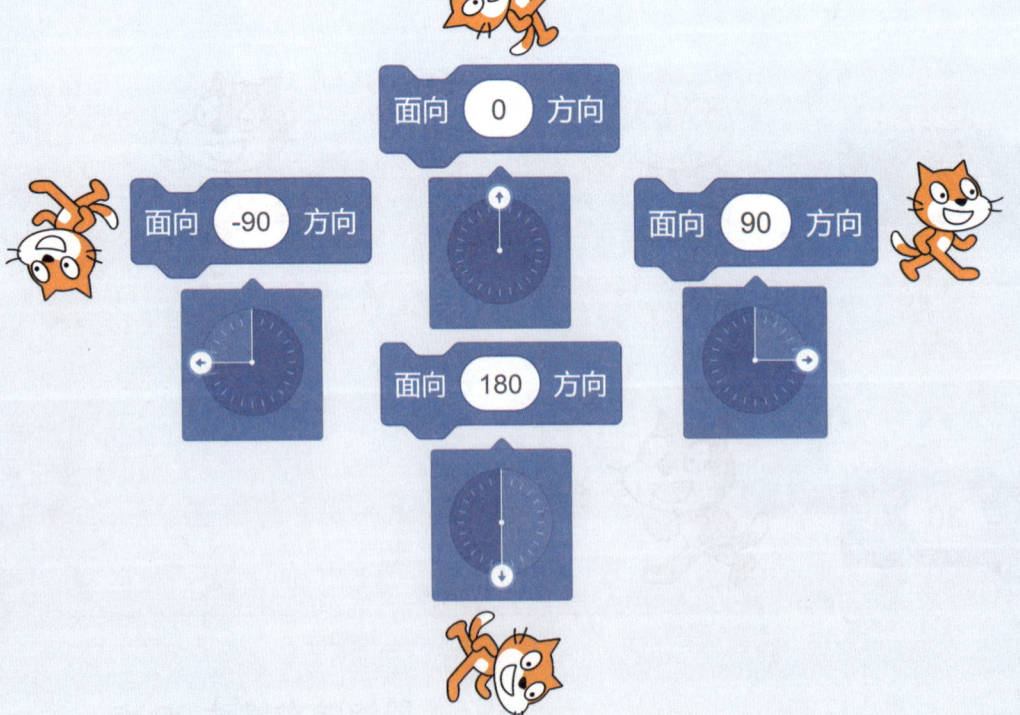

2. 角色的旋转

角色旋转改变角色的面向方向，不改变角色的位置。旋转一周的角度为 360 度。

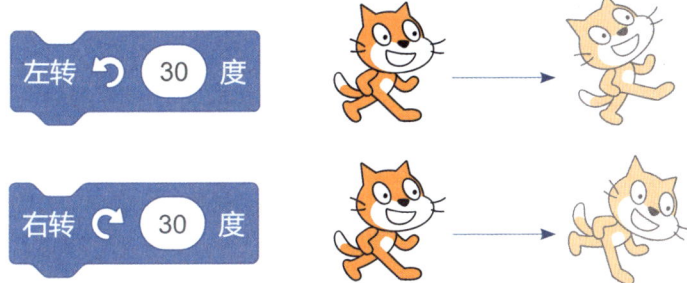

积木上的箭头方向表示角色的旋转方向，小白圈中填写的数字表示旋转的角度，数字越大，旋转角度越大，旋转 360 度后，角色回到旋转前的面向方向。

◎ 知识加油站

角色旋转的特殊角度

（1）当旋转角度超过 360 度时，运行结果和旋转"填写角度 –360 度"一致。

旋转 390 度和旋转 30 度运行后的效果相同。

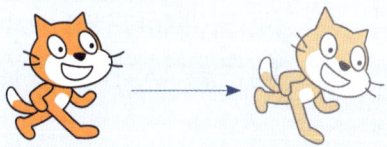

（2）旋转 360 度的整数倍时，运行后角色的面向方向不变。

我旋转了 2 个 360 度，虽然看起来没什么变化，但我真的旋转了。

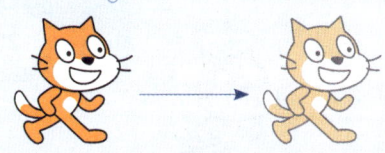

◎ 知识加油站

（3）旋转角度填写负数，相当于向相反方向旋转。

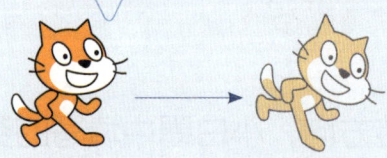

虽然用的是左转积木，但左转 –30 度和右转 30 度的效果都一样。

◎ 备考锦囊

解决角色转身倒立问题

将角色的旋转模式设置为左右翻转，角色在改变方向时不会出现头朝下的倒立问题，设置旋转方式要在旋转之前。

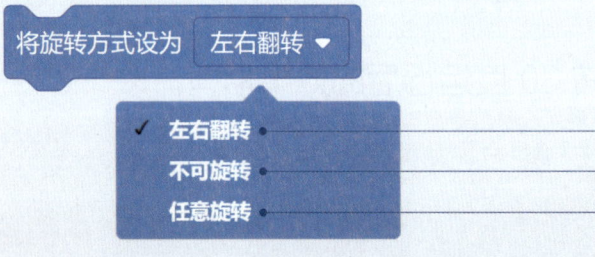

面向任何方向，小猫都能正常站立
面向任何方向，小猫都不会转动
角色默认为任意旋转

例：当小猫面向右边时，直接让小猫面向左边，小猫会倒立，想要小猫不倒立，需要设置小猫旋转模式为左右翻转。

考点二 | 角色的方向

例题二（2022.3 考试真题）

默认小猫的程序如下图所示，点击绿旗，运行程序后，并没有看到小猫移动或旋转。

A. 正确

B. 错误

扫码看讲解视频

解析

这道题考查的是角色的移动、旋转。需要判断程序运行后角色的状态与初始状态是否不同。

移动不改变方向，旋转不改变位置，所以对于旋转和移动结合的问题，可以将方向和位置分开分析。

角色默认方向为向右，移动步数为正数时，向当前方向移动，根据积木图可得，共旋转 4 次，每次旋转 90 度，运行结束旋转 360 度，角色方向不变；每次旋转角度为 90 度，移动步数一致，推测角色行走路径是正方形，故运行结束后角色回到原位，积木运行速度快，小猫移动旋转的过程看不到，故答案选 A。

将小猫的运动轨迹画出来就清楚了。根据积木图可得，**移动 60 步 + 左转 90 度**执行了 4 次，可将这两块积木看作一个整体，先移动再旋转，可知小猫的运动轨迹是一个正方形。

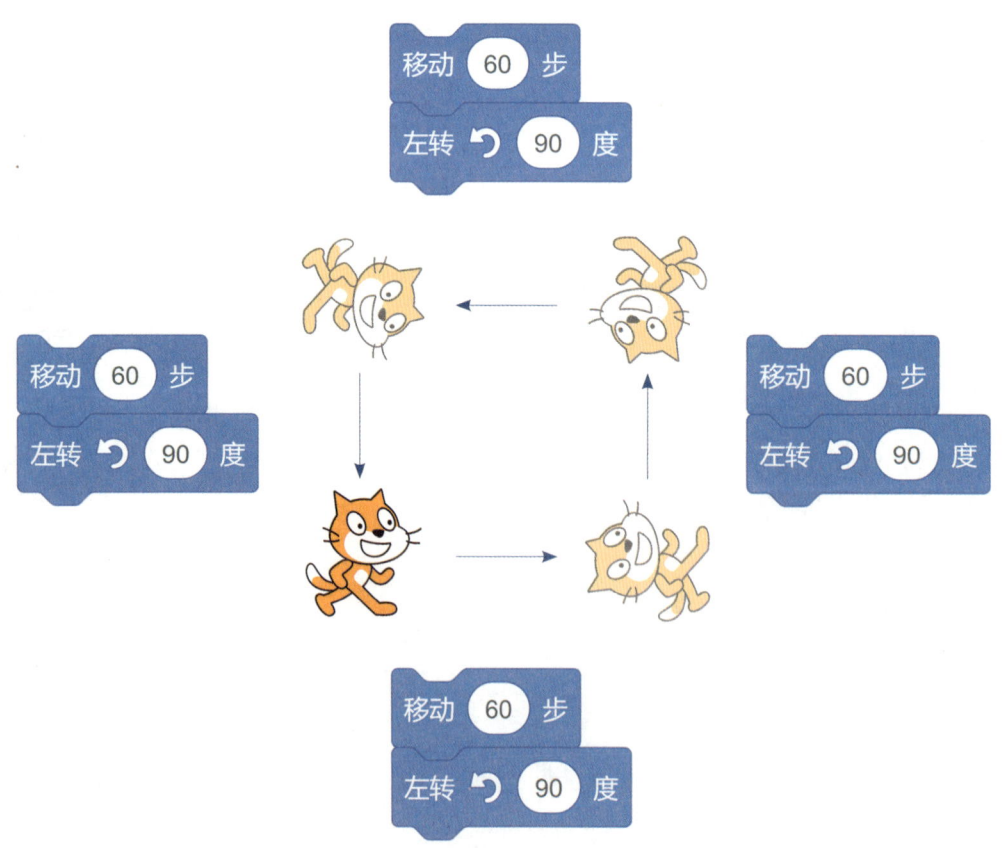

考点三　角色的造型切换　　　　考点详解

1. 造型切换

角色的造型切换与舞台背景切换相似，需要使用"外观"分类中的积木。造型切换的方式共两种：切换为某一个造型和按顺序切换到下一个造型。

　　角色切换到指定造型，可以是随机造型。

　　角色从当前造型切换到下一个造型。

使用"换成……造型"积木时与当前造型无关，切换一次造型后无法再切换到另一个造型。如果想要实现造型的连续切换，需要使用"下一个造型"积木。

使用"下一个造型"积木时与当前造型有关，只能按照造型顺序向下切换，最后一个造型切换下一个造型后回到第一个造型。

◎ **备考锦囊**

积木运行速度很快，看不到中间造型切换的过程，需要加入等待时间。

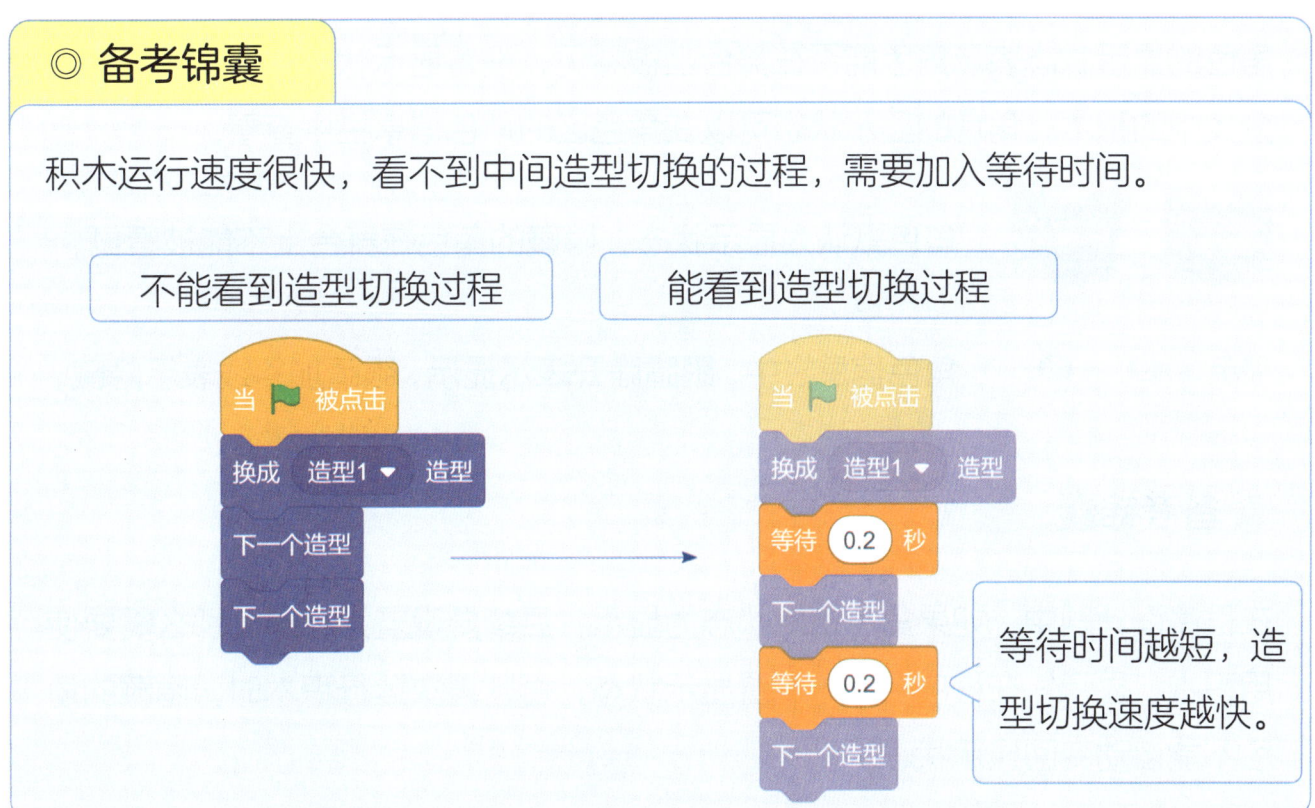

◎ 备考锦囊

多次造型切换可以用有限循环结构进行简化。

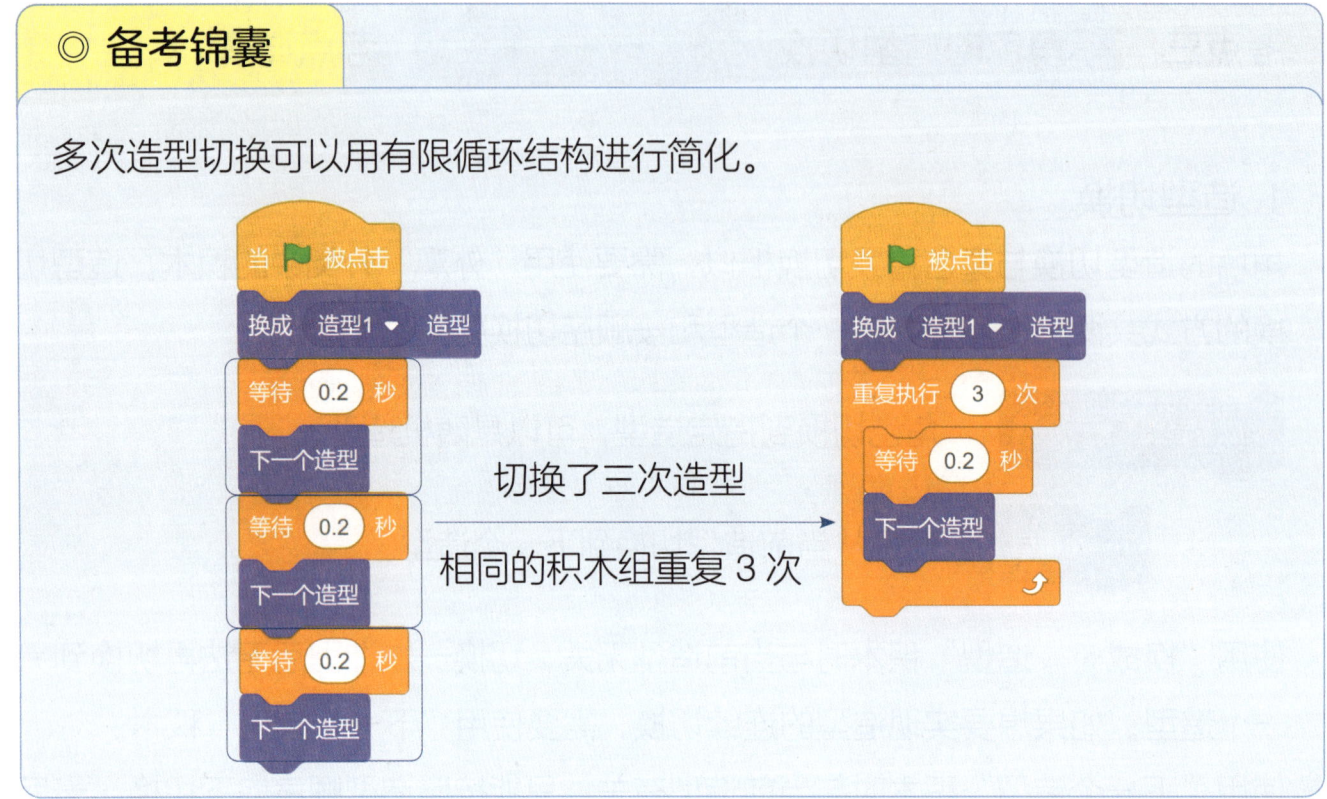

2. 显示状态

角色的显示状态表示角色能否在舞台上被看见，设置显示状态需要使用"外观"分类中的积木，角色的显示状态可以在角色区的角色信息栏中查看。

 　　角色默认为显示状态，隐藏的角色在舞台上不能被看见。

显示 　　角色信息栏中，眼睛睁开表示显示，眼睛加斜线表示隐藏。

◎ 备考锦囊

在程序设计题中，如果角色初始状态为显示，后续要设置为隐藏，那么需要使用积木"显示"在程序启动时设置显示状态，否则再次运行积木时，隐藏的角色不能自动变回显示状态。

3. 角色的图层

图层就像一块透明的玻璃，每块玻璃上有不同的内容，上面的内容会挡住下面的内容，每个角色都是单独的图层。改变角色的图层遮挡关系，可以使用"外观"分类中的积木。

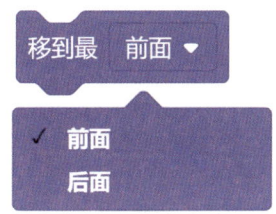

设置角色的图层关系，最前面的角色不会被遮挡，最后面的角色会被其他所有角色遮挡。

◎ **知识加油站**

角色图层的遮挡关系

我到最前面去。

移到最 前面 ▼

此时最前面是熊；
最后面是狐狸。

此时最前面是狐狸；
最后面是长颈鹿。

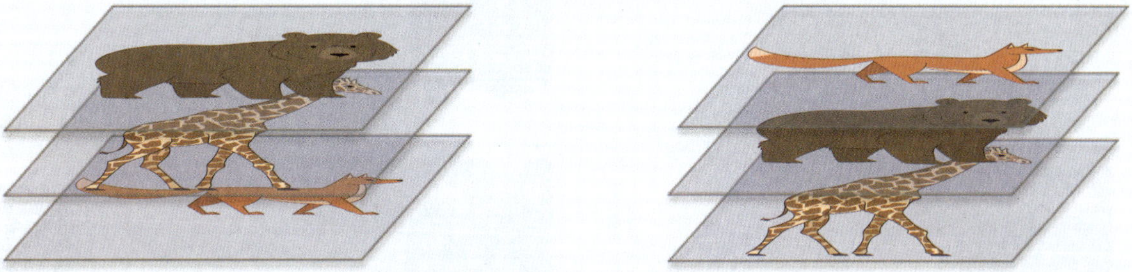

考点三　　角色的造型切换　　　　　考点探究

例题三（2021.9 考试真题）

角色有四个动物造型，当前造型为熊，下列哪个程序执行完后，造型不能切换成螃蟹？（　　　）

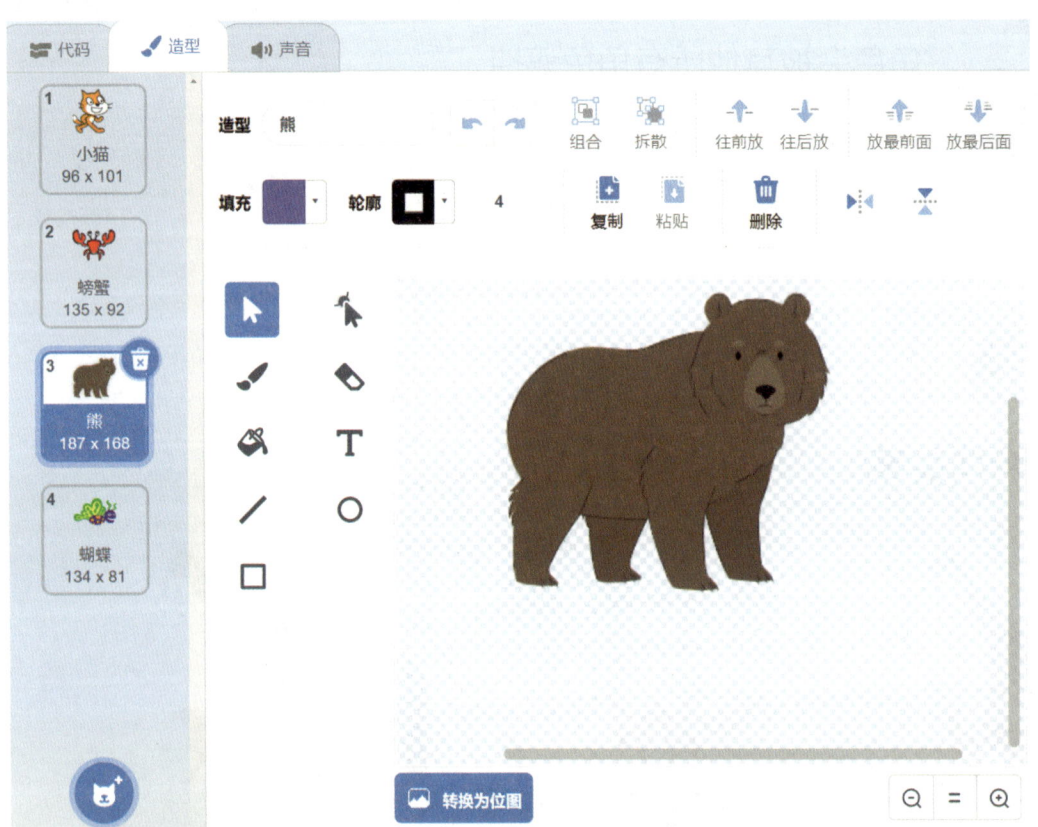

A.

B.

C.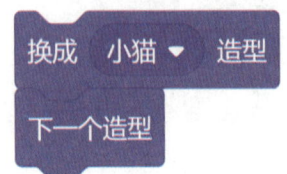

D.

扫码看讲解视频

解析

这道题考查的是角色造型的切换。"换成……造型"可以直接切换指定造型，下一个造型则是从当前造型依次向后切换。

A 选项可以直接切换为螃蟹造型。

B 选项从熊造型开始，向下切换 3 次造型，造型依次切换为熊→蝴蝶→小猫→螃蟹，可以切换为螃蟹造型。

C 选项先切换为小猫造型，再切换下一个造型，可以切换为螃蟹造型。

D 选项先切换为蝴蝶造型，切换下一个造型为小猫，不能切换为螃蟹造型。

故答案选 D。

| 考点四 | 角色说一说 | 考点详解 |

角色说一说需要使用"外观"分类中的积木，积木运行时能看到角色所说的话以文字形式出现在舞台上，听不到说话的声音。

 角色说"你好！"，文字在舞台上出现 2 秒。

 角色说"你好！"，程序停止前文字一直在舞台上。

◎ 备考锦囊

是否有"2 秒"的区别

文字出现 2 秒。
2 秒后积木程序继续执行。

文字一直在舞台上。
无须等待，积木程序直接向下执行。

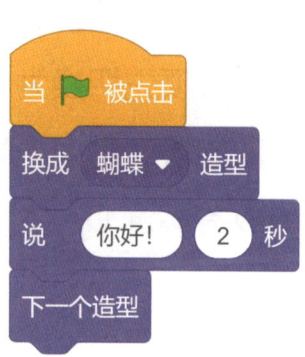

| 考点五 | 角色说一说 | | 考点探究 |

例题四（2021.12 高途模拟题）

角色有四个动物造型，当前造型为蝴蝶，点击绿旗，在舞台上能看到什么效果？
（　　　）

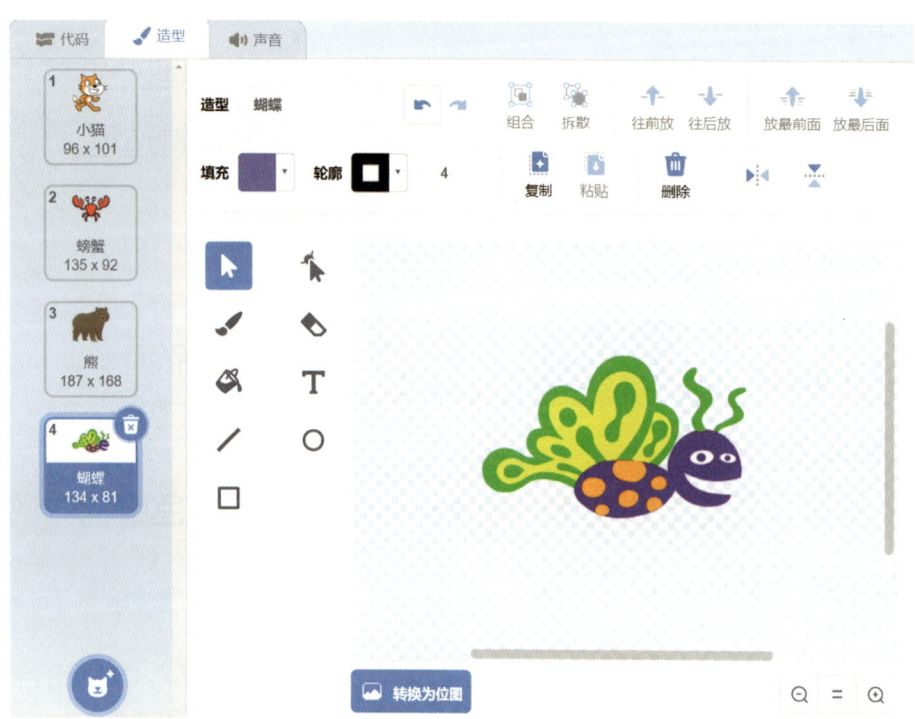

A. 角色说"你好！"后切换为熊造型

B. 角色说"你好！"的同时切换为小猫造型

C. 角色说"你好！"后切换为螃蟹造型

D. 角色说"你好！"后切换为小猫造型

扫码看讲解视频

解析

这道题考查的是角色说一说和顺序执行。当前造型为蝴蝶，下一个造型为小猫，排除 A、C 选项，"说……2 秒"积木程序执行完成后文字气泡消失，程序继续执行，排除 B 选项。故答案选 D。

巩固练习

1. （2021.9 考试真题）下面哪个选项的程序可以实现小猫沿着道路从起点走到终点？（　　　）

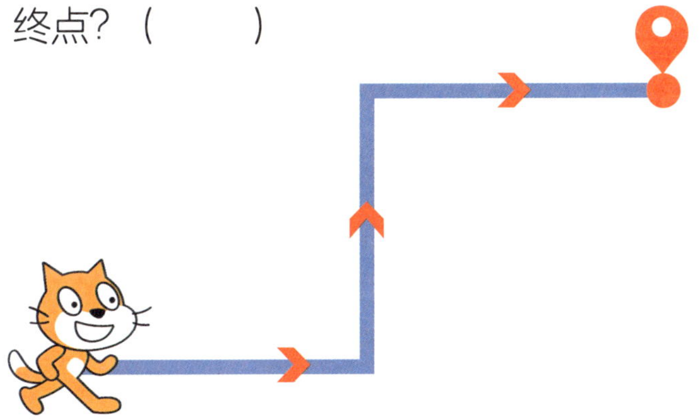

扫码看讲解视频

A.

当 🚩 被点击
移到 x: 0 y: 0
面向 90 方向
等待 0.5 秒
移动 50 步
等待 0.5 秒
右转 ↻ 90 度
等待 0.5 秒
移动 50 步
等待 0.5 秒
右转 ↻ 90 度
等待 0.5 秒
移动 50 步

B.

当 🚩 被点击
移到 x: 0 y: 0
面向 90 方向
等待 0.5 秒
移动 50 步
等待 0.5 秒
左转 ↺ 90 度
等待 0.5 秒
移动 50 步
等待 0.5 秒
右转 ↻ 90 度
等待 0.5 秒
移动 50 步

C.

当 🚩 被点击
移到 x: 0 y: 0
面向 0 方向
等待 0.5 秒
移动 50 步
等待 0.5 秒
左转 ↺ 90 度
等待 0.5 秒
移动 50 步
等待 0.5 秒
右转 ↻ 90 度
等待 0.5 秒
移动 50 步

D.

当 🚩 被点击
移到 x: 0 y: 0
面向 0 方向
等待 0.5 秒
移动 50 步
等待 0.5 秒
右转 ↻ 90 度
等待 0.5 秒
移动 50 步
等待 0.5 秒
右转 ↻ 90 度
等待 0.5 秒
移动 50 步

2.（2020.6 考试真题）下面地图中每格的长度是 50 步长，有石头的格子不能走，
小猫要想拿到苹果，下面哪组程序可以实现？（　　　）

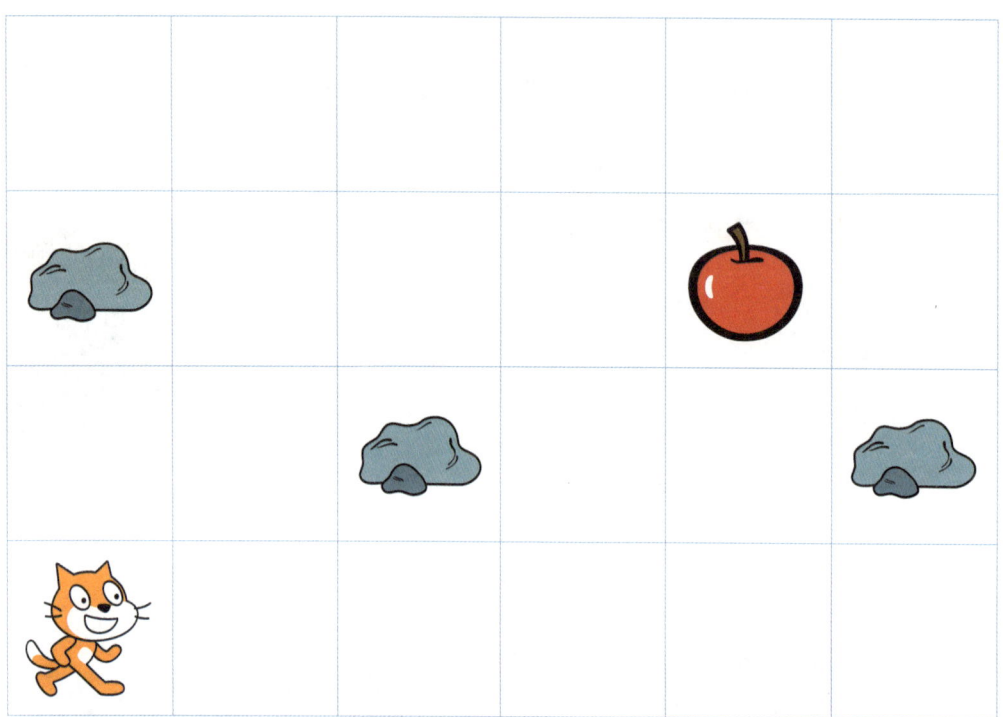

扫码看讲解视频

A.
面向 90 方向
移动 50 步
左转 ↺ -90 度
移动 50 步
移动 50 步
右转 ↻ -90 度
移动 50 步
移动 50 步
移动 50 步

B.
面向 90 方向
移动 50 步
右转 ↻ -90 度
移动 50 步
移动 50 步
左转 ↺ -90 度
移动 50 步
移动 50 步
移动 50 步

C.
面向 90 方向
移动 -50 步
右转 ↻ 90 度
移动 50 步
移动 50 步
左转 ↺ 90 度
移动 50 步
移动 50 步
移动 50 步

D.
面向 90 方向
移动 50 步
右转 ↻ 90 度
移动 50 步
移动 50 步
左转 ↺ 90 度
移动 50 步
移动 50 步

3. （2020.9 考试真题）小明想实现小女孩跳芭蕾舞的动画，但程序执行后没有看到小女孩动作变化，用下面哪个方法可以帮助他实现正确的效果？（　　　）

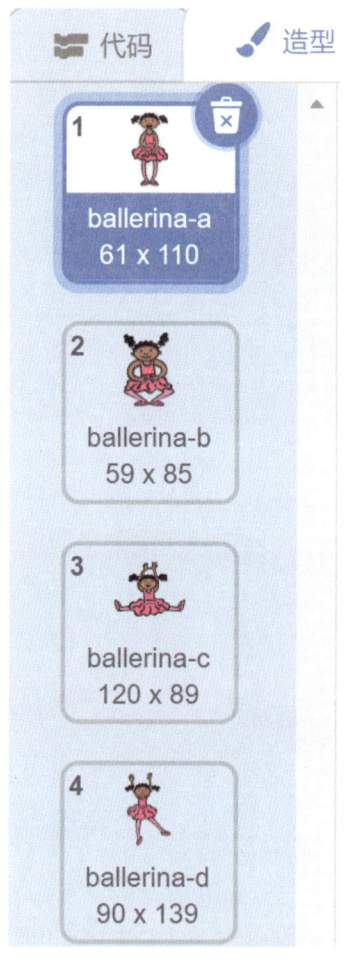

扫码看讲解视频

A. 造型太少，需要多复制几个造型

B. 在切换造型和下一个造型积木后面加入等待时间

C. 上下拖动造型，重新给造型排序

D. 造型太多，需要删除一些造型

声音的导入

我们能听到各种各样的声音：汽车鸣笛的声音、风吹树叶的声音、我们和他人交谈的声音……声音能烘托气氛、传递信息，在项目中加入声音能得到更加生动的效果。

在本专题中，我们将一起学习声音操作的各项内容。

考情一点通

01

考点评估	考查要求
难度 ★★★★☆	本专题要求学生掌握导入声音的方法，包括从声音库中导入声音、从本地上传声音、录制声音；认识声音标签界面；了解声音编辑功能。
考查题型 单选、判断、编程	

考点清单

02

知识结构图

声音的导入

考点一 　导入声音的方法

考点二 　声音的播放与停止

考点三 　设置音量与音效

考点一　导入声音的方法　　　　　考点详解

1. 导入声音

导入声音和导入角色的方法类似，导入声音按钮的位置在"声音"标签中。部分角色默认有声音，背景默认无声音。角色音和背景音的导入方法相同。

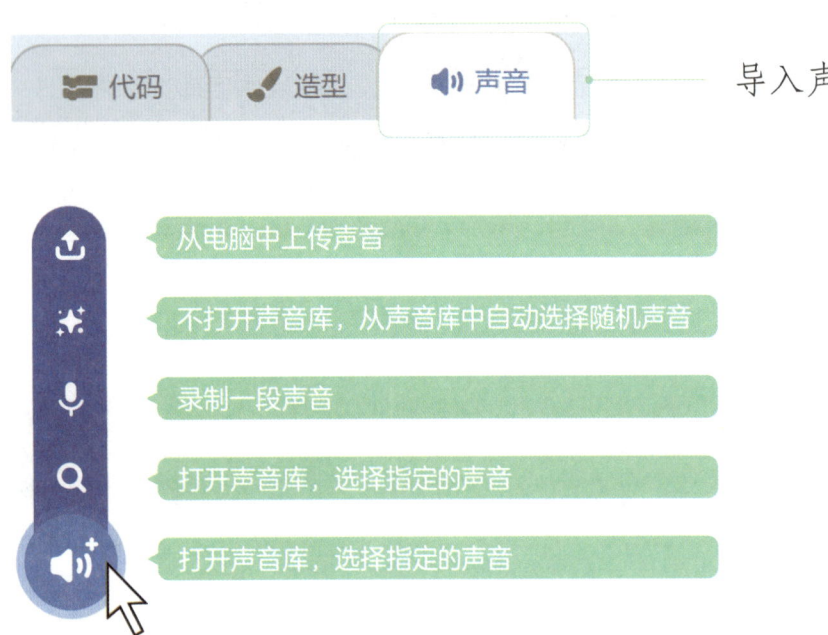

导入声音按钮的位置

从电脑中上传声音

不打开声音库，从声音库中自动选择随机声音

录制一段声音

打开声音库，选择指定的声音

打开声音库，选择指定的声音

◎ 备考锦囊

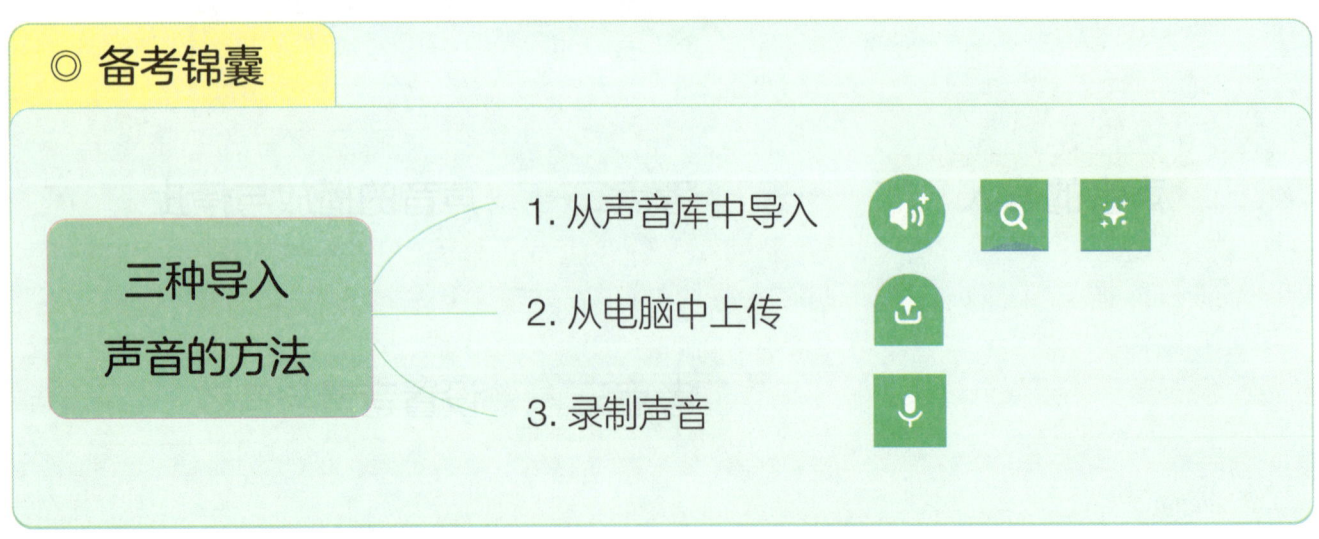

三种导入
声音的方法

1. 从声音库中导入

2. 从电脑中上传

3. 录制声音

2. 声音编辑器

声音编辑器可以对选中的声音进行重命名、裁剪、设置效果等操作。声音编辑器中间的紫色区域是这段声音的声波，在声波上按住鼠标左右滑动，可以选择某一部分音频单独编辑。

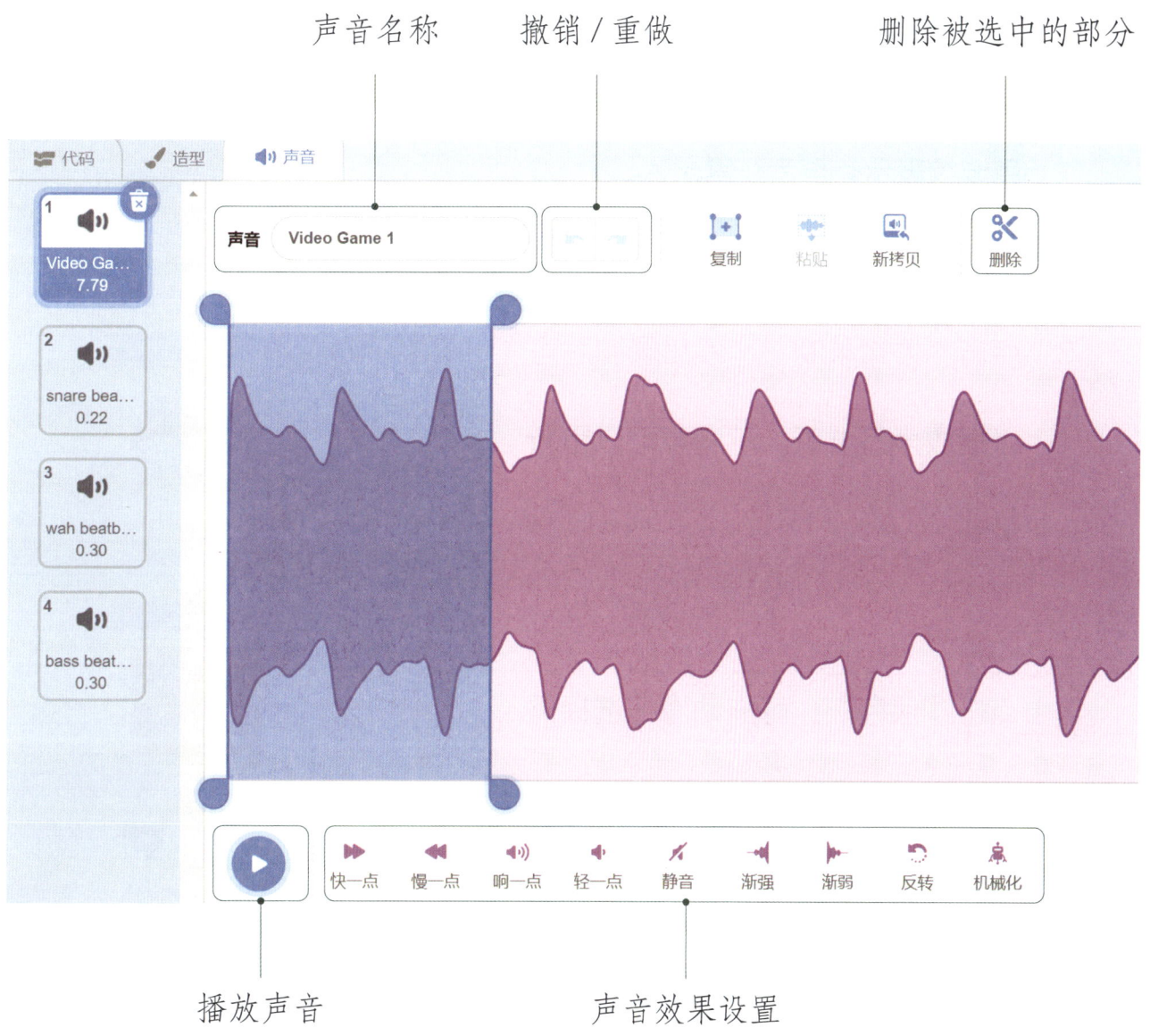

3. 录制声音

选择录制声音时，系统会询问"是否允许 Scratch 使用麦克风"，选择"允许"才能将声音录入。

◎ 备考锦囊

录制声音的方法

（1）点击"录制"按钮。

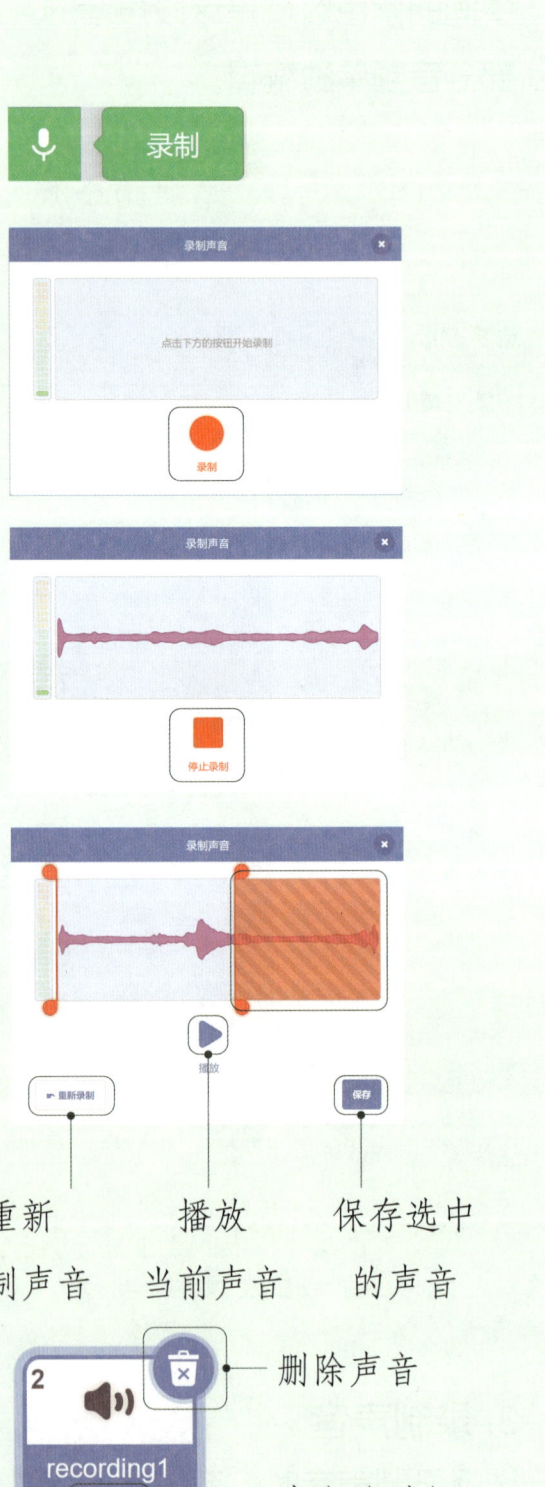

（2）点击"录制"。弹窗中间出现的紫色波纹表示有声音正常录入。

（3）点击"停止录制"。停止录制后可以播放声音试听。不满意可以重新录制。

（4）点击"保存"。可拖动滑杆选择需要的部分，滑杆范围外的声波在保存时会被删除。

重新　　　　播放　　　　保存选中
录制声音　当前声音　的声音

删除声音

（5）得到录制的声音。

声音的时长

考点一 　导入声音的方法 　　　　　　　考点探究

例题一（2020.6 考试真题）

在声音编辑器中，能够实现声音头和尾互换，应该选择以下哪一个？（　　）

A. 渐强　　　　　B. 机械化　　　　　C. 反转　　　　　D. 快一点

扫码看讲解视频

解析

这道题考查的是声音的编辑。A 选项是渐强，可以制作声音由小逐渐变大的效果；B 选项是机械化，可以给声音添加机械质感；C 选项是反转，可以实现声音的头尾互换；D 选项是快一点，可以设置声音加速播放的效果。故答案选 C。

考点二	声音的播放与停止	考点详解

播放声音可以使用"声音"分类下的积木。播放声音时，在角色中只能选择这个角色拥有的声音，在背景中只能选择背景拥有的声音。

 播放声音的同时继续执行程序。

 声音播放完毕后再向下执行程序。

 停止程序中的所有的声音，包括角色音和背景音。

◎ 备考锦囊

"播放"和"播等"的区别

"播放"边播边向后执行，"播等"播完再向后执行。

例：

> 一边播放声音一边移动。

> 在原地播放声音之后再移动。

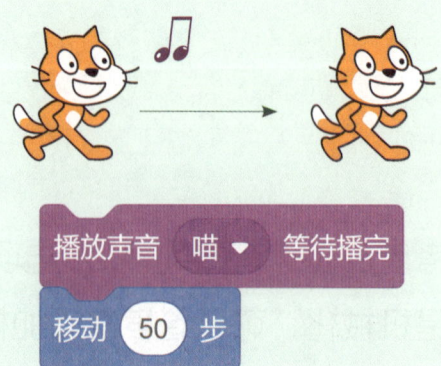

考点二　　声音的播放与停止　　　　　考点探究

例题二（2020.6 考试真题）

以下哪组积木块可以实现播放 4 次声音"喵"？（　　　）

A.

B.

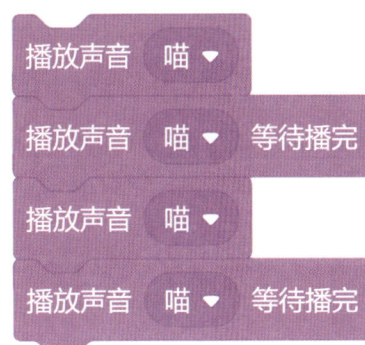

C.

D.

解析

这道题考查的是声音的播放。"播放声音……"积木程序在播放声音时会继续向后执行，"播放声音……等待播完"积木程序在播放声音时不会继续向后执行。A 选项能听到 4 次"喵"；B 选项因为积木执行速度快，第一声和第二声"喵"重合，第三声和第四声"喵"重合，能听到 2 次"喵"；C 选项第二声和第三声"喵"重合，第三声播完后播第四声，能听到 3 次"喵"；D 选项都是"播放声音……"，四段声音重合，能听到 1 次"喵"。故答案选 A。

考点三　　设置音量与音效　　考点详解

1. 设置音量

音量是指声音的大小，音量数值越大，声音越大。设置音量可以使用"声音"分类中的积木。

将音量设为 100 %	将音量设置为原始音量的 100%，默认音量为 100%。
将音量增加 10	在当前基础上将音量增加 10%。
将音量增加 -10	在当前基础上将音量降低 10%，音量最小为 0。

◎ 备考锦囊

"设为"与"增加"的区别

最终效果与当前音量大小无关。

最大音量为 100%。200% 与 100% 的效果相同。

最终效果与当前音量大小有关。

当音量为 100% 时，继续增加音量，声音听起来不会有变化。

2. 设置音效

清除已添加的全部音效。

将音效设置为 100%，默认音效是 0。

在当前基础上将音效增加 10%。音效可选择音调或左右平衡。音调数值变大，播放声音变快。

在当前基础上将音效降低 10%。

考点三　设置音量与音效　　　　　考点探究

例题三（2022.9 高途模拟题）

指令  都可以让声音的音量变小。（　　　）

A. 正确

B. 错误

扫码看讲解视频

解析

这道题考查的是音量的设置。"将音量增加"数值设为负数，可以实现声音变小；在"将音量设为"中可以设一个小于 100% 的数值，也可以实现声音变小。故答案选 A。

 # 巩固练习

03

1.（2021.6 考试真题）音乐"Video Game1"的时长将近 8 秒，点击一次角色，下面哪个程序不能完整地播放音乐两次？（　　　）

A.

```
当角色被点击
播放声音  Video Game 1 ▼
播放声音  Video Game 1 ▼
```

B.

```
当角色被点击
播放声音  Video Game 1 ▼
等待  8  秒
播放声音  Video Game 1 ▼
等待  8  秒
```

C.

```
当角色被点击
播放声音  Video Game 1 ▼  等待播完
播放声音  Video Game 1 ▼  等待播完
```

D.

```
当角色被点击
播放声音  Video Game 1 ▼
等待  8  秒
播放声音  Video Game 1 ▼  等待播完
```

扫码看讲解视频

2.（2021.9 考试真题）小猫过生日，我们为它播放歌曲《生日快乐》，之后小猫高兴地喵了一声，下列代码哪个能正确地实现这个场景？（　　　）

A.

B.

C.

D.

扫码看讲解视频

3.（2020.9 考试真题）现在的音量为 50，不改变积木参数，下面哪个积木可以
让音量变大？（　　　）

A.

B.

C.

D.

扫码看讲解视频

逻辑推理

推理是一种重要的思维方式。从已知结论出发，推断出新的结论，这就是逻辑推理。在进行推理时，要抓住每个条件，层层剖析，直到得出正确结论。

本专题，我们将一起学习逻辑推理问题的解题思路。

考情一点通

考点评估	考查要求
难度 ⭐⭐⭐☆	本专题要求学生运用逻辑推理、形象思维（图形推理）能力，由已知条件推导出正确结论。
考查题型 单选、判断	

考点清单

 知识结构图

逻辑推理

考点一　逻辑推理

考点二　找规律

| 考点一 | 逻辑推理 | 考点详解 |

画图定位法：画一条线，定两端的含义，再在线段上排序，这种方法可以解决比大小、猜胜负、算前后等已知条件是角色比较的问题。

◎ **备考锦囊**

跟着思维导图一步一步探寻解题之路吧！

1. 画线段，定方向
↓
2. 第一个条件线上排
↓
3. 其他条件用插入

| 考点一 | 逻辑推理 | 考点探究 |

例题一（2019.12 考试真题）

阿斌、杰瑞、卢卡和艾玛在玩扑克牌，请参考他们说的话，判断谁是第一名。（　　）

杰瑞：我赢了卢卡。

艾玛：我是最后一名。

卢卡：我赢了阿斌。

A. 阿斌

B. 杰瑞

C. 卢卡

D. 艾玛

扫码看讲解视频

解析

此题要求选出四位小伙伴中的第一名，我们可以使用画图排序的方法来解决这个问题。

（1）画线段，定方向。

画一条线段，定出两端的方向，右边为高名次，左边为低名次，名字越靠右，名次越高，最终排在最右边的名字是第一名。

低名次 ——— 高名次

（2）第一个条件线上排。

杰瑞说：我赢了卢卡。杰瑞的名字在卢卡的右边。

低名次 ——————————卢卡——————————杰瑞——————————高名次

（3）其他条件用插入。

艾玛说：我是最后一名。艾玛的名字在最左边。

卢卡：我赢了阿斌。阿斌的名字在卢卡的左边。

低名次 ——————————卢卡——————————杰瑞——————————高名次
　　　　　　　艾玛　阿斌

四位小伙伴的排名从高到低依次是杰瑞、卢卡、阿斌、艾玛。

故答案选 B。

| 考点二 | 找规律 | | 考点详解 |

1. 图形变换

◎ 备考锦囊

常见图形规律总结

（1）图形的组合。两个或两个以上图形按照某种方式进行组合。

（2）图形的位置变换。

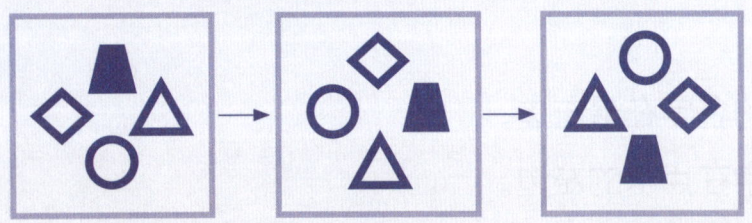

每次每个图形沿顺时针方向依次移动一格。

（3）图形的排列。

三种图形为一组，每重复一次增加一个三角形。

考点二 　 找规律

例题二（2020.9 考试真题）

下图中"？"位置，应该填入的图形是？（　　　）

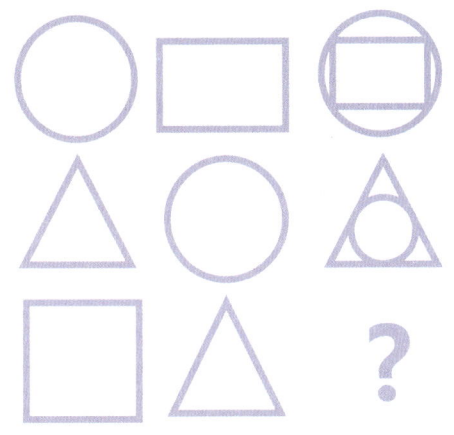

扫码看讲解视频

A.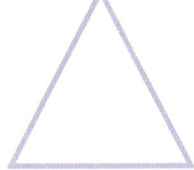

B.

C.

D.

解析

这道题需要观察图形组合的规律。观察题目配图可以发现：每一排的最后一个图形是前两个图形的组合，组合方式是将第二个图形放在第一个图形内。根据这个规律，第三排的第一个图形是正方形，第二个图形是三角形，将三角形放入正方形内，得到第三个组合的图形。故答案选 D。

2. 数字规律

常见数字规律总结，数字之间的大小总相关

（1）数字之间相隔相同的数字。

$$9 \xrightarrow{+4} 13 \xrightarrow{+4} 17 \xrightarrow{+4} 21 \xrightarrow{+4} 25 \cdots\cdots$$

$$36 \xrightarrow{-5} 31 \xrightarrow{-5} 26 \xrightarrow{-5} 21 \xrightarrow{-5} 16 \cdots\cdots$$

（2）数字之间相隔有规律的数字。

$$5 \xrightarrow{+1} 6 \xrightarrow{+3} 9 \xrightarrow{+5} 14 \xrightarrow{+7} 21 \xrightarrow{+9} \cdots\cdots$$

（3）前两个数相加或相减为第三个数。

1、2、3、5、8……

考点二　找规律　　　　　　　　　　　　考点探究

例题三（2021.3 考试真题）

下图为有规律排列在一起的 9 个数字，需要在? 处填入正确的数字，以下哪个选项符合规律？（　　　）

11	16	21
14	?	26
31	38	45

扫码看讲解视频

A.15

B.20

C.25

D.30

解析

这道题需要观察数字规律。根据图片可发现规律：第一行数字每次递增 5，第三行数字每次递增 7，所以推测第二行数字每次递增 6，计算"26-14=12"，验证推测正确。根据此规律，"？"处可以填入数字 20。

巩固练习

1. （2022.3 高途模拟题）观察数列找规律：1，2，4，7，11，（　　　），括号里的数是下面哪一个？

   A.16

   B.15

   C.18

   D.13

扫码看讲解视频

2. （2022.9 考试真题）冬奥会比赛中，某项比赛需进行两轮，各选手两轮得分相加最高者才能赢得冠军。第一轮比赛中，选手甲落后选手乙 10 分，选手丙落后选手甲 5 分，选手丁领先选手丙 5 分；第二轮比赛中，选手甲和选手丁得分反超选手乙 5 分，选手丙与选手乙得分相同。请问，最终谁拿到了冠军？

   （　　　）

   A. 选手甲

   B. 选手乙

   C. 选手丙

   D. 选手丁

扫码看讲解视频

3.（2022.6 考试真题）小玉、小林、小明和小红四人在比谁的铅笔多，小玉说我的笔比小林多，小明说小红的笔比小林少，小红说小明的笔比我少，请问四人谁的铅笔最多？（　　　　）

A. 小玉

B. 小林

C. 小明

D. 小红

扫码看讲解视频

程序设计实现

程序设计作为每次考试中综合性较强的题目，要求考生根据题目描述从零开始完成程序的编写。编程题考查范围较广，除逻辑推理之外的知识块都有涉及，是对考生综合运用能力的考查。本专题，我们一起攻克编程题吧。

考情一点通

考点评估		考查要求
难度	⭐⭐⭐⭐⭐	本专题要求学生综合运用角色、背景、声音相关知识点，根据题目描述，从零开始完成完整的程序设计。
考查题型 编程		

考点清单

02

从零开始的程序设计实现基本步骤

素材准备：添加角色、背景、声音

↓

设置角色、背景的初始状态

↓

按照题目描述实现项目效果

↓

运行程序，检查项目效果是否符合题目描述

打开你的编程软件，一起试一试吧！

例题精练（2022.9 考试真题）

踢足球

扫码看讲解视频

任务发布

1. 准备工作

（1）选择背景 Baseball 2。

（2）删除默认的小猫角色，选择角色 Ben 和足球（Soccer Ball）。

2. 功能实现

（1）Ben 初始造型为"ben-a"，初始位置在舞台左下角。

（2）足球位于 Ben 脚前不远处。

（3）点击绿旗，等哨声"Referee Whistle"结束后，Ben 每隔 1 秒钟切换一个造型，直至其造型为"ben-d"。

（4）在切换成"ben-b"造型后，足球往前移动至舞台右侧。

（5）观众的欢呼声（Goal Cheer）随即响起，足球消失。

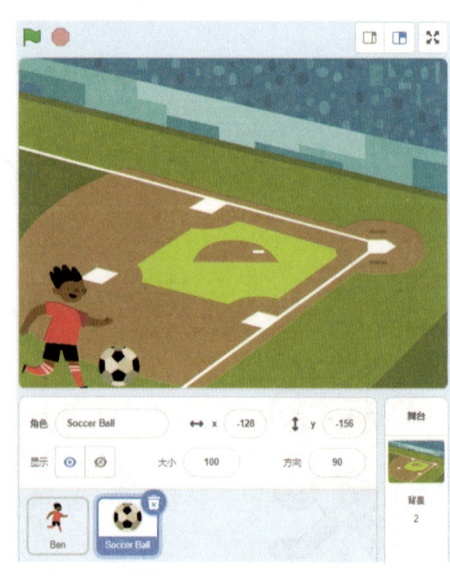

思路梳理

（1）需要从素材库中添加两个角色和一个背景，用鼠标拖动角色，放置到题目要求的位置。

（2）点击绿旗，播放哨声直到结束，需要用到声音积木，Ben 切换造型需要使用等待积木和造型积木。

（3）Ben 切换到造型"ben-b"后，足球移动到舞台右边缘，需要使用移动积木，足球移动的同时 Ben 继续切换后面的造型。

（4）足球移到右侧后观众的欢呼声响起，需要使用声音积木，足球消失，需要使用隐藏积木，注意积木的顺序。

动手实现

步骤 1 添加素材

（1）添加背景。点击背景添加按钮，在背景库中搜索 Baseball 2，选择添加。

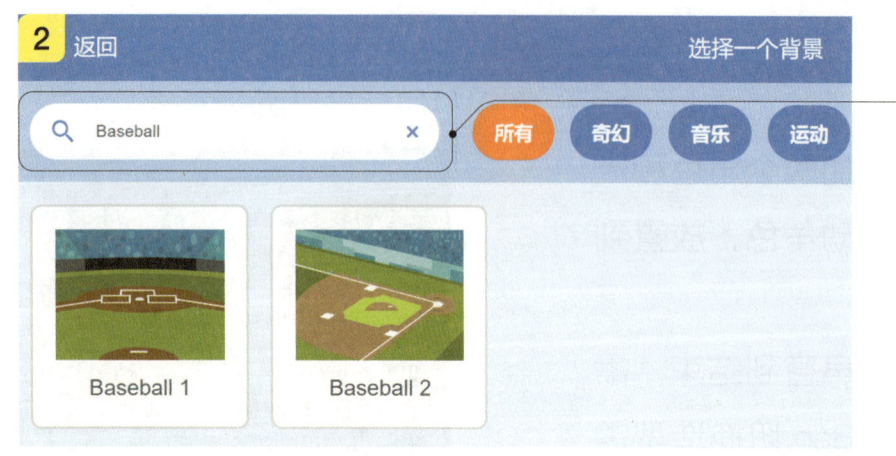

输入指定的背景名
称，输入前半段即
可筛选

（2）添加角色。删除"角色1"，点击角色添加按钮，在角色库中依次搜索并
添加 Ben 和 Soccer Ball。

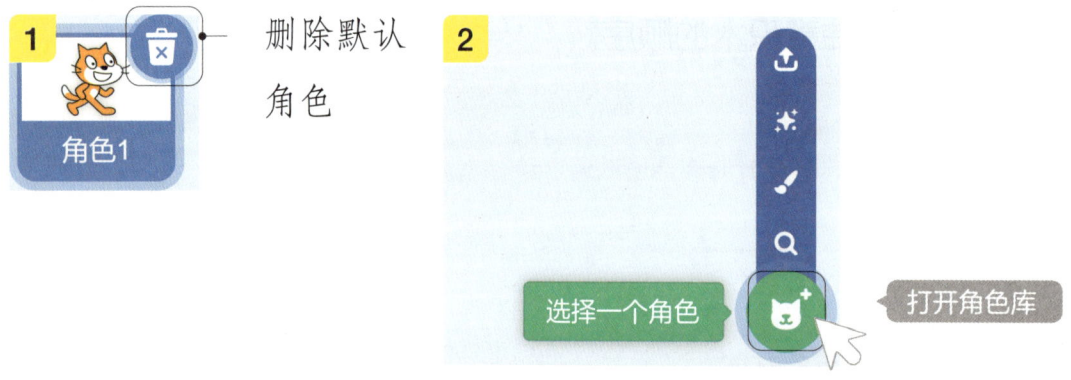

删除默认
角色

输入指定的角色名
称，选择角色

步骤2 设置角色初始状态

Ben 在舞台左下角，造型为"ben-a"。

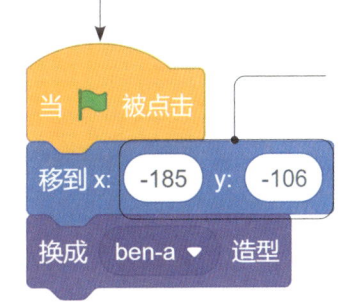

（1）将 Ben 移动到舞台左下角。

（2）拖出"移到 x……y……"积木块。

（3）将造型设为"ben-a"。

位置数值无固定值，Ben 在舞台左下方即可

足球在 Ben 脚前不远处。

（1）将足球移动到 Ben 脚前。

（2）拖出"移到 x……y……"积木块。

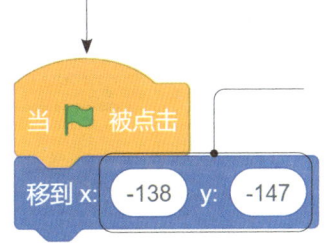

位置数值无固定值，足球在 Ben 脚前即可

步骤3 播放哨声，Ben 切换造型

播放哨声结束后，Ben 开始切换造型，每隔一秒切换一次造型，直到造型为"ben-d"。

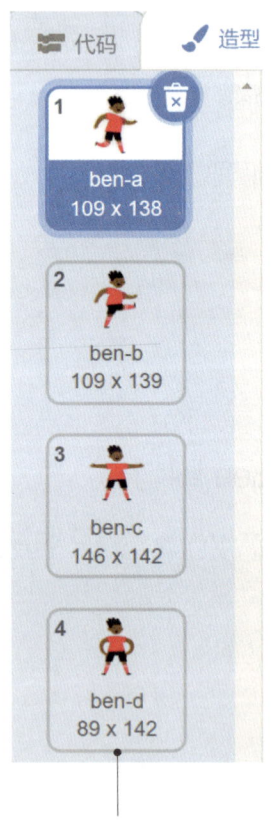

Ben 一共有四个造型，依次切换即可

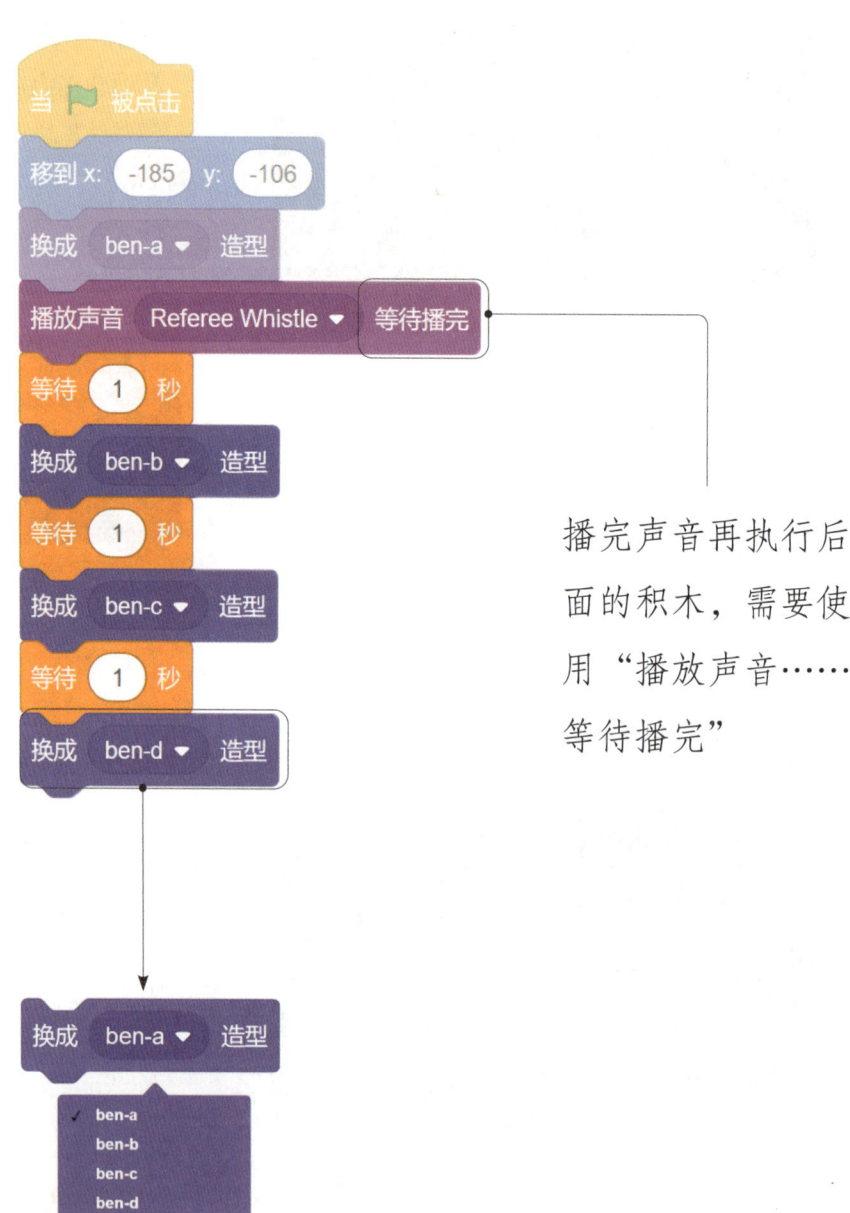

播完声音再执行后面的积木，需要使用"播放声音……等待播完"

步骤 4 足球移动

足球的初始位置在 Ben 脚前，在 Ben 切换为"ben-b"造型后，足球移动到舞台右侧。

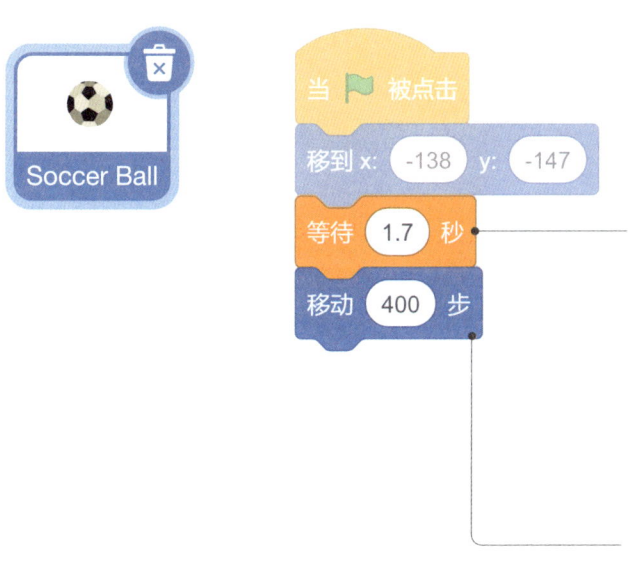

足球需要等待 Ben 的造型切换为"ben-b"之后才能开始移动，即等待哨声播完（0.7 秒），再等待 1 秒，设置等待 1.7 秒

移动步数无标准值，足球能到达右侧即可

步骤 5 足球消失

足球移动到舞台右侧后消失。

别忘了在开始时需要设置显示，否则再次点击绿旗时，足球依旧是隐藏状态

我隐藏了，下一次可不会自动显示。

步骤 6 欢呼声响起

足球移到右侧后，观众的欢呼声响起，欢呼声为角色 Ben 自带声音，这一步给 Ben 编程。欢呼声响起，Ben 可以继续切换造型，选择"播放声音……"积木，选择声音"Goal Cheer"。

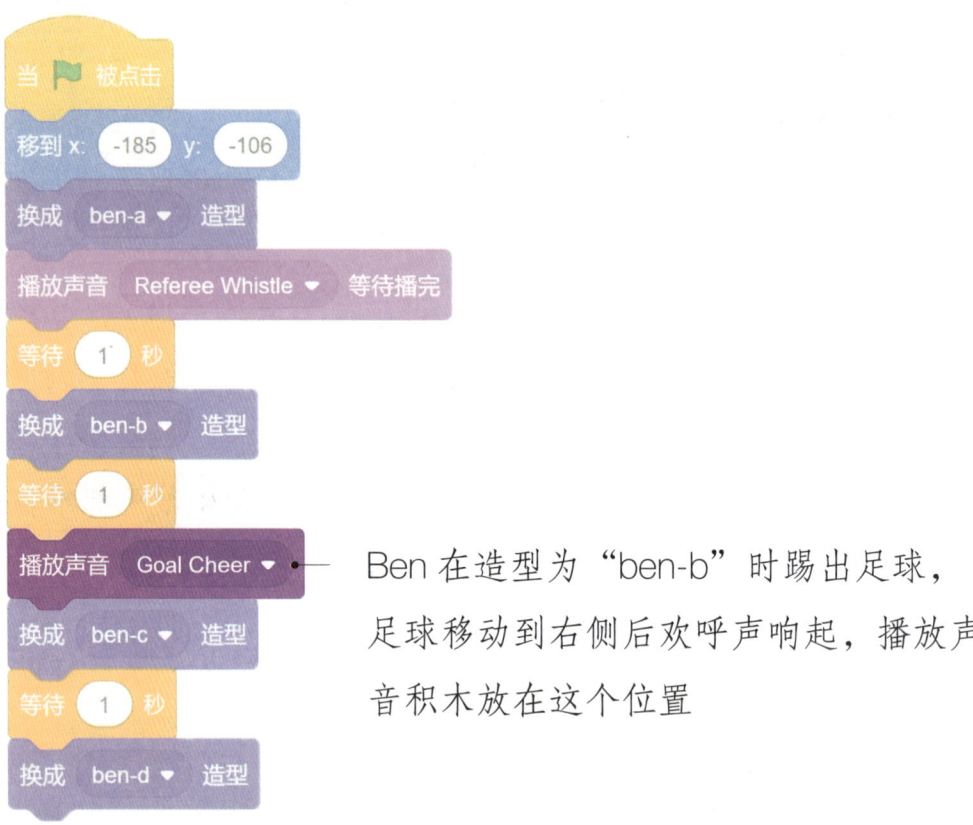

Ben 在造型为"ben-b"时踢出足球，足球移动到右侧后欢呼声响起，播放声音积木放在这个位置

项目总结

项目知识点

（1）能够设置角色的造型切换。

（2）能够根据项目要求播放声音。

（3）能设置角色的隐藏与显示。

（4）能协调两个角色配合完成动作。

项目拓展

（1）尝试给项目添加背景音乐。

（2）尝试给踢完球的 Ben 画上奖牌。

例题精练（2022.6 考试真题）

03

报时的公鸡

扫码看讲解视频

> 任务发布

1. 准备工作

（1）背景：根据下图绘制两张背景图。

（2）删除默认角色，添加角色公鸡（Rooster）。

2. 功能实现

（1）背景 1 为黑夜，舞台颜色为深蓝色，在底部绘制绿色矩形，左上角绘制金色圆形。背景 2 为白天，舞台颜色为浅蓝色，在底部绘制绿色矩形，左上角绘制橘色圆形。

（2）点击绿旗，设置角色公鸡初始化位置、大小，位于舞台左侧，面向右侧，造型为"rooster-a"，背景为"背景1"。

（3）点击角色公鸡，公鸡从舞台左侧走到右侧，再从右侧走到中间（注意走的过程中脚不能朝上，并且朝哪个方向走，公鸡就面向哪边）。

（4）走完后，切换成造型"rooster-b"，播放声音"rooster"，声音播完后，切换背景为"背景2"。

思路梳理

（1）需要使用画板绘制两张背景图，并从素材库中添加一个角色。

（2）点击绿旗，初始背景为黑夜，公鸡打鸣后背景变为白天。

（3）公鸡角色初始位置在左侧，先走到右侧，再走到中间，需要使用运动积木。

（4）公鸡在舞台中间切换造型并打鸣，需要使用外观积木和声音积木。

动手实现

步骤1 添加素材

（1）绘制背景。选择舞台，选择"背景"标签，在背景1中绘制黑夜背景，依次使用"矩形""圆"，绘制深蓝色的天空、绿色的草地和金色的月亮，颜色数值无标准值，能看出是黑夜即可。按住"Shift"键可画出正圆。

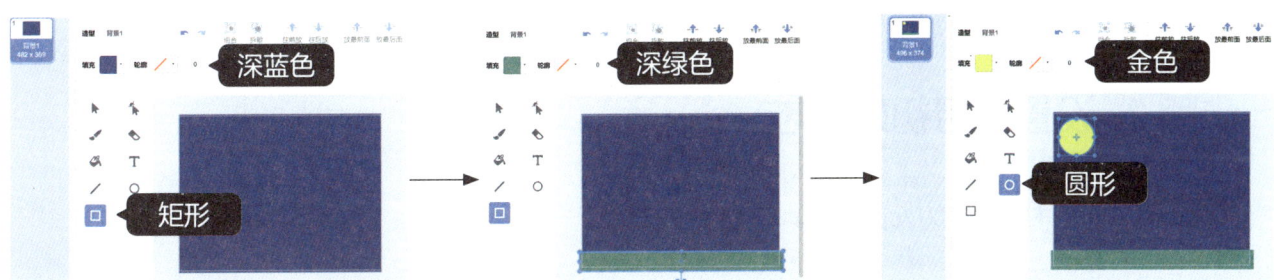

点击"填充"右方的色块可以调整颜色，"轮廓"选择无轮廓。

以"绘制"形式添加背景2，用同样的方法画出白天。依次使用"矩形""圆"，绘制浅蓝色的天空、绿色的草地和橘色的太阳，颜色数值无标准值，能看出是白天即可。

（2）添加角色。删除角色1，点击角色添加按钮，在角色库中搜索并添加Rooster。

 删除默认角色

输入指定的角色名称，选择角色

步骤2 设置项目初始状态

设置背景、角色的初始状态。

（1）设置背景为黑夜"背景1"。

（2）将公鸡移动到舞台左下角，脚踩在草地上。

（3）拖出"移到 x…… y……"积木块。

（4）设置公鸡的初始造型、大小。

（5）设置公鸡的初始方向为右方向。

位置数值无固定值，公鸡在舞台左下方，且脚踩在草地上即可

当 🚩 被点击

换成 背景1 ▼ 背景

移到 x: -220 y: -95

换成 rooster-a ▼ 造型

将大小设为 80

面向 90 方向

步骤3 公鸡移动

点击角色，公鸡从舞台左边走到右侧，之后调整面向方向为"−90"，向左走到中间，且面朝方向与移动方向一致。

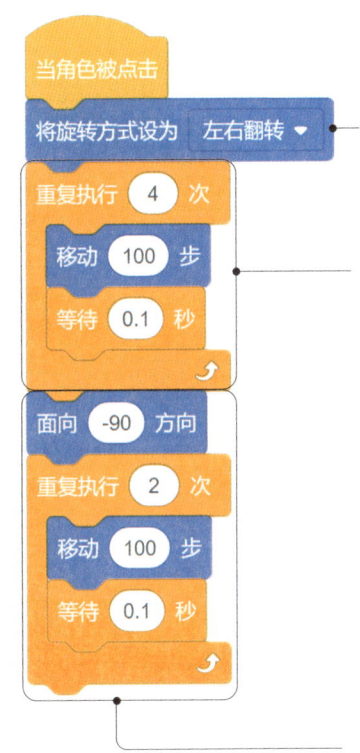

旋转方式为左右翻转，公鸡面向左侧时，脚不会朝上

向右移动到右侧，移动数值无标准值，能到达舞台右侧即可

向左移动到舞台中间，移动数值无标准值，能到达舞台中间即可

步骤4 鸡鸣天明

公鸡切换为"rooster-b"造型，播放声音"rooster"，声音播完后，切换背景为白天"背景2"。

播放声音后再切换背景，需要使用"播放声音……等待播完"

项目总结

项目知识点

（1）能够使用画板绘制背景。

（2）能够设置角色的移动方向和旋转方式。

（3）能实现造型切换和背景切换。

项目拓展

（1）添加蝴蝶角色，尝试设置蝴蝶天亮后从舞台上飞过。

（2）尝试设置公鸡能边走边切换造型。

（3）尝试丰富背景。

快来动手，试一试吧！

例题精练（2022.3 考试真题） 03

章鱼的演出

扫码看讲解视频

任务发布

1. 准备工作

（1）选择背景 Underwater 1、Underwater 2。

（2）选择角色章鱼（Octopus）。

（3）选择背景声音 Bossa Nova。

2. 功能实现

（1）点击开始，角色章鱼初始化位
置在舞台左侧中部，初始造型
为"octopus-b"，初始背景为
Underwater 1。

（2）角色章鱼从舞台左侧移动到右侧，
不断改变造型。

（3）章鱼到达舞台最右侧后，背景切
换为 Underwater 2，章鱼移到舞
台中间位置。

（4）背景播放"Bossa Nova"声音。

思路梳理

（1）这个项目需要添加两张背景图、一个角色和一段声音。

（2）点击绿旗，章鱼从左侧移到右侧，它边移动边切换造型，需要使用运动积木和外观积木。

（3）章鱼移到最右侧后切换舞台背景，章鱼向左移动到中间位置，需要使用外观积木和运动积木。

（4）在程序运行过程中设置背景音乐，需要使用声音积木。

动手实现

步骤 1　添加素材

（1）添加背景。点击背景添加按钮，在背景库中依次搜索 Underwater 1 和 Underwater 2，选择添加。

2 返回 　　　　　　　　　　　　选择一个背景

🔍 Underwater 1 ✕ 　**所有** 奇幻 音乐 运动 户外

Underwater 1

3 返回 　　　　　　　　　　　　选择一个背景

🔍 Underwater 2 ✕ 　**所有** 奇幻 音乐 运动 户外

Underwater 2

也可以选择"水下"分类，找到需要的背景

← 返回 　　　　　　　　　　　　选择一个背景

🔍 搜索 　**所有** 奇幻 音乐 运动 户外 室内 太空 **水下** 图案

Underwater 1　　　Underwater 2

（2）添加角色。删除"角色1"，打开角色库，搜索并添加角色 Octopus。

1 删除默认角色

角色1

2 打开角色库

输入指定的角色名称，选择角色

（3）添加声音。点击舞台背景，选择"声音"标签，打开声音库并添加"Bossa Nova"。

输入指定的声音名称，选择声音

步骤 2 设置项目初始状态

选择章鱼角色，设置背景、角色的初始状态。

（1）设置背景为"Underwater 1"。

（2）将章鱼移动到舞台左侧中部。

（3）拖出"移到 x……y……"积木块。

（4）设置章鱼的初始造型为
　　　"octopus-b"。

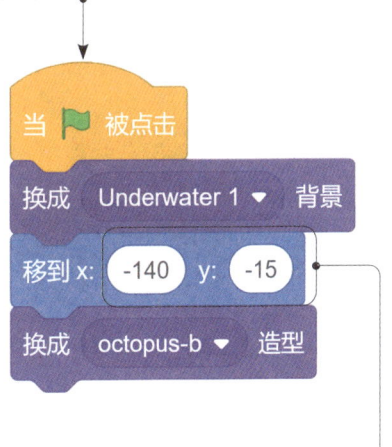

位置数值无固定值，章鱼
在舞台左侧中部即可

步骤3 章鱼移到右侧

章鱼从当前位置向右移动，一边移动一边变换造型。为了能表现移动和变换造型的过程，章鱼的移动过程可分成5次，每次中间间隔0.2秒。

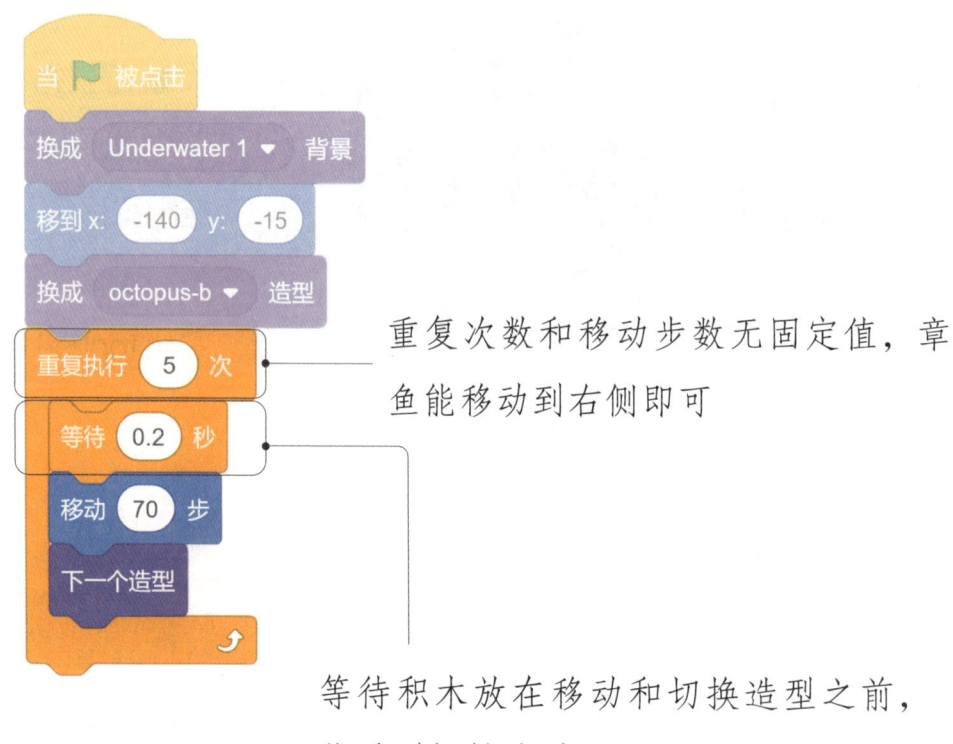

重复次数和移动步数无固定值，章鱼能移动到右侧即可

等待积木放在移动和切换造型之前，能看到初始造型

步骤 4 章鱼回到中间

章鱼移动到右侧后，背景切换为"Underwater 2"，章鱼回到舞台中间位置。

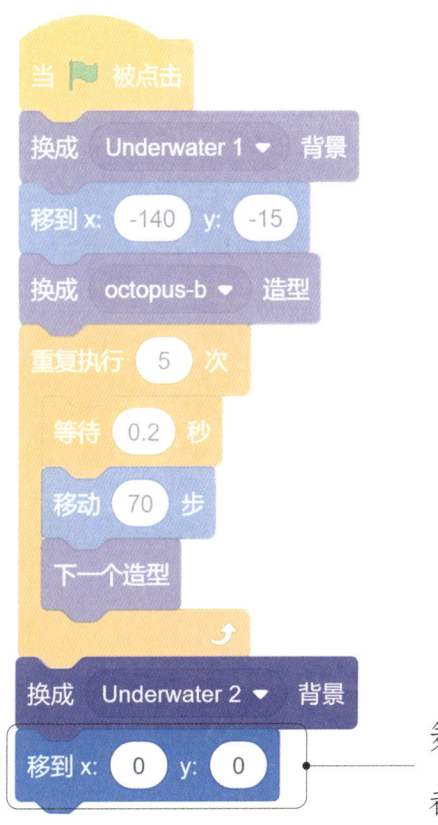

舞台中间位置的 x 坐标和 y 坐标都是 0

步骤 5 播放音乐

选择舞台背景，设置当程序开始时播放音乐，因为播放音乐后没有需要执行的程序，所以选择"播放声音……"或"播放声音……等待播完"都可以。

"播放声音……"或"播放声音……等待播完"二选一即可

项目总结

项目知识点

（1）能够设置角色一边移动一边进行造型切换。

（2）能够设置背景切换。

（3）能添加背景音乐，并设置音乐播放。

项目拓展

（1）尝试设置背景音乐播放3遍后停止。

（2）尝试添加螃蟹角色，让螃蟹的移动方向和章鱼相反。

快来动手，试一试吧！

巩固练习

一	下雨（2021.12 考试真题）

背景：最近是雨季，经常会下雨。今天周末，Abby 想带 Dani 去游乐园，于是让 Dani 去窗户旁边看看有没有下雨。

1. 准备工作

（1）添加背景：Room 2、女巫之屋（Witch House）。

（2）删除默认的小猫角色，添加角色 Abby 和 Dani。

2. 功能实现

（1）点击绿旗，舞台背景切换为 Room 2，Abby 出现在舞台左侧，面向右，Dani 出现在舞台右侧，面向左。

（2）Abby 说："外面在下雨吗？"声音持续 2 秒。Abby 说完后，Dani 说："我去看一下。"声音持续 2 秒。Dani 说完后，转身走到舞台右侧边缘的位置。

（3）舞台背景切换为 女巫之屋，Abby 角色消失，Dani 出现在舞台左下角。

（4）Dani 走到窗户旁边说："没有下雨。"声音持续 2 秒。

名师视频讲解

二　小狗进圆圈（2021.9 考试真题）

背景：小狗非常听话，收到命令能在舞台上向右移动，如下图所示，它只能移动到相邻的圆圈里，不能跑到圆圈外。

名师视频讲解

1. 准备工作

（1）背景：根据上图绘制背景。

（2）删除小猫角色，添加角色小狗（Dog2）。

（3）添加声音"Dog2"。

2. 功能实现

（1）舞台颜色为蓝色，绘制 3 个圆圈，圆圈的大小要能容下小狗，内部填充白色，圆圈的间距尽量相等。

（2）点击绿旗，程序开始时，小狗位于最左侧圆圈内，面向右侧，造型为"dog2-a"。

（3）按下空格键，小狗发出"Dog2"叫声、切换下一个造型，向右跳到下一个圆圈。

注意：点击绿旗后，按下空格键测试两次。第一次按下空格键，小狗能跳到第二个圆圈，第二次按下空格键，小狗能跳到第三个圆圈。

三　打篮球（2021.6 考试真题）

背景：小女孩很喜欢打篮球，扣篮是她的拿手好戏。

1. 准备工作

（1）添加背景篮球（Basketball 2 ）。

（2）添加角色 Hannah 。

（3）为角色添加 Hannah 声音"cheer"。

名师视频讲解

2. 功能实现

（1）当绿旗被点击，角色 Hannah 初始位置在舞台的右侧，造型为"hannah-a"。

（2）按下空格键，角色 Hannah 向左跑到篮筐下。

（3）点击角色 Hannah，切换到"hannah-c"造型，角色Hannah向上跳起投篮，播放声音"cheer"，声音播完后，角色 Hannah 落回地面，造型切换到"hannah-b"。

附录　图形化一级考试标准

1. 初步学会使用编程工具，理解编程工具的核心概念

（1）理解编程环境界面中功能区的分布与作用；

（2）能够完成拖拽程序模块到程序区的操作并进行正确的连接；

（3）能够通过舞台区按钮完成运行与停止程序的操作；

（4）会使用角色的移动、旋转指令模块；

（5）能为作品添加背景音乐，并设置声音的播放代码；

（6）能够绘制背景并对背景进行切换；

（7）能够打开计算机上已保存的项目和保存新制作的项目。

2. 按照规定的功能编写出完整的顺序结构程序

（1）掌握顺序结构流程图的画法；

（2）理解参数的概念，能够调整指令模块中的参数；

（3）能够完成一个顺序结构的程序；

（4）程序中包含播放一段音频和切换背景；

（5）程序中包含切换角色的造型、角色移动和旋转；

（6）按指定的要求保存作品。

巩固练习答案解析

专题一　熟悉编程软件

1.B　解析

一个程序只有一个舞台，A 选项正确。可以在舞台区进行编程，例如切换背景、设置背景音乐等，B 选项错误。舞台可以有多个背景，C 选项正确。我们对角色进行编程，使它们可以在舞台区进行表演，D 选项正确。

2.C　解析

角色名称显示在角色区的角色编辑栏中，角色编辑栏内可以修改角色的名字。

3.D　解析

Scratch 的默认名称是"Scratch 作品"，文件保存的格式是 .sb3。B 选项中后缀为 .sprite3 的是导出的角色文件，C 选项中后缀为 .svg 的是矢量图文件。

专题二　角色的导入

1.C　解析

图中所示区域为角色区，可以完成角色的上传、删除、重命名，上传造型需要在"造型"标签中完成。

2.B 　　**解析**

角色造型可在造型编辑区进行修改，也可以拍摄图片作为新造型。

📷 使用摄像头拍摄

3.C 　　**解析**

角色初始大小是 100，将大小增加 15，在 100 的基础上增加了 15，角色大小是 115，接着将角色大小设置为 15，再将角色大小增加 35，这时是在 15 的基础上增加 35，最终角色大小为 50。

专题三 　　**背景的认识**

1.D 　　**解析**

小刚导入了小鱼角色，根据生活实际，鱼生活在水里，应选择海洋背景。

2.B 　　**解析**

在舞台的脚本区和角色的脚本区都可以实现背景的切换。

3.D 　　**解析**

观察角色区，有三个角色，故排除 A、B、C 选项，收音机是背景的一部分。

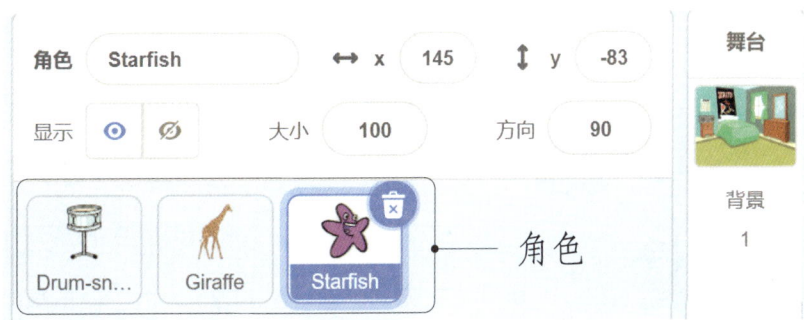

专题四　　角色的操作

1.B　　解析

等待 0.5 秒对运动路线无影响，观察选项时可不考虑"等待 0.5"积木。

观察配图，角色运动路线分为三段，按照顺序分别是向右运动→向上运动→向右运动。先向右运动，初始运动方向为 90 度，排除 C、D 选项。走完第一段路线后，角色面向右边，此时角色需要向上移动，故角色需要向左转 90 度，故选 B。代入并验证，B 正确。

2.B　　解析

移动 –10 步：后退 10 步。

左转 –10 度：右转 10 度。

右转 –10 度：左转 10 度。

观察配图，确定整体向右上方移动。发现小猫拿到苹果不止有一条路线可选，接着观察选项，可得小猫的初始方向为 90 度，A、B、D 选项小猫向右移动一格，C 选项小猫向左移动一格，移动后再次转向，且转动角度在 –90~90 度，此时小猫前进有两个选择，向上走或向右直走。

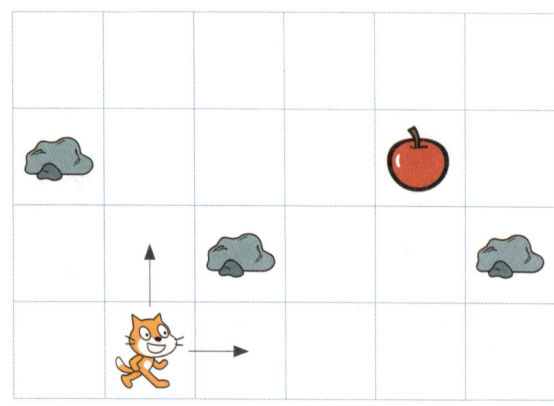

A 选项左转 –90 度，相当于右转 90 度，小猫面向下方向移动，后续只转动一次，且转动数值在 –90~90 度，无法实现小猫向上移动，到达苹果位置，C、D 选项同理，可排除。

3.B 解析

积木的运行速度很快，点击绿旗后想看到小女孩跳舞的动作变化，需要在切换造型中间加入等待时间，造型的数量对此没有影响。加入等待时间后的积木见下图。

专题五　声音的导入

1.A　**解析**

能听到两次音乐说明两次播放不重合。A 选项，播放第一段声音时会同时播放第二段，只能听到 1 次音乐；B 选项，播放第一段声音的同时等待 8 秒，8 秒后第一段声音已经播完，再播放第二段声音，可以听到两次音乐；C 选项，播放第一段声音等待播完，再运行下一块积木，可以听到两次音乐；D 选项，播放声音等待 8 秒，听到一次声音，播放声音等待播完，又可以听到一次，共听到两次音乐。

2.A　**解析**

A 选项，在《生日快乐》播放完毕后，再播放喵声，满足要求；B 选项，《生日快乐》和喵声同时播放，不满足要求；C 选项，《生日快乐》和喵声同时播放，不满足要求；D 选项，先播放喵声再播放《生日快乐》，不满足要求。

3.C　**解析**

A 选项将音调设为 10%，不改变音量。B 选项增加的是音调，不改变音量；C 选项音量增加 10，音量变大；D 选项设置的音量比原来更小，音量减小。

专题六　逻辑推理

1.A　解析

观察数列，发现后一个数字比前一个数字大，写出数字之间的差值，发现每次增加的数依次是 1、2、3、4，以此规律可推算，括号中的数字是 16。

$$1 \overset{+1}{,} 2 \overset{+2}{,} 4 \overset{+3}{,} 7 \overset{+4}{,} 11 \overset{+5}{,} （16）$$

2.B　解析

比赛的结果由两轮结果相加决定。第一轮，选手甲和选手丁得分一致。选手乙领先选手甲和选手丁 10 分，选手丙落后选手甲和选手丁 5 分。第二轮比赛中，

选手	第一轮	第二轮	第三轮
甲	5	5	10
乙	15	0	15
丙	0	0	0
丁	5	5	10

选手乙和选手丙得分一致，选手甲和选手丁领先二者 5 分。假设每轮最低得分为 0，相加可得，选手乙总分领先其余三位选手中得分最高者（选手甲和选手丁）5 分，故得分最高的是选手乙。

3.A　解析

根据"小玉说我的笔比小林多"，可得出小玉的笔多于小林；根据"小红的笔比小林少"，可得出小林的笔多于小红；根据"小红说小明的笔比我少"，可得出小红的笔多于小明。可得出四个人在笔的数量上从大到小的关系是小玉、小林、小红、小明，所以笔最多的是小玉。

笔更少　　　　　　　　　　小林　　小玉　　　　　　笔更多

　　　　　　　小明　　小红

专题七   程序设计实现

1.   **注意:**

设置等待时间，协调角色和背景切换的时机。

2.　　　　注意：

背景的绘制是本题的一个难点，小狗的初始位置和每次移动的步数和绘制的圆的大小、间距有关。

Dog2

当 🚩 被点击

移到 x: -147 y: -6

面向 90 方向

换成 dog2-a ▾ 造型

当按下 空格 ▾ 键

播放声音 Dog2 ▾

下一个造型

移动 150 步

3.　　　　注意：

小女孩面朝篮球架之前，需要设置旋转方式为左右翻转，否则小女孩会倒立。

Hannah

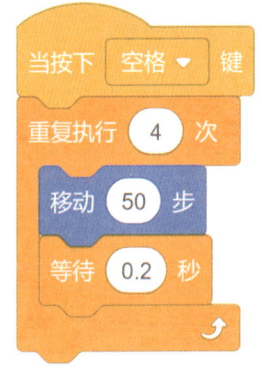

当 🚩 被点击

移到 x: 139 y: -84

换成 hannah-a ▾ 造型

将旋转方式设为 左右翻转 ▾

面向 -90 方向

当按下 空格 ▾ 键

重复执行 4 次

移动 50 步

等待 0.2 秒

注意:

为了扣篮时方向不出错，需要水平翻转造型"hannah-c"，选择造型，点击水平翻转即可。

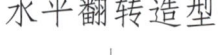

水平翻转造型

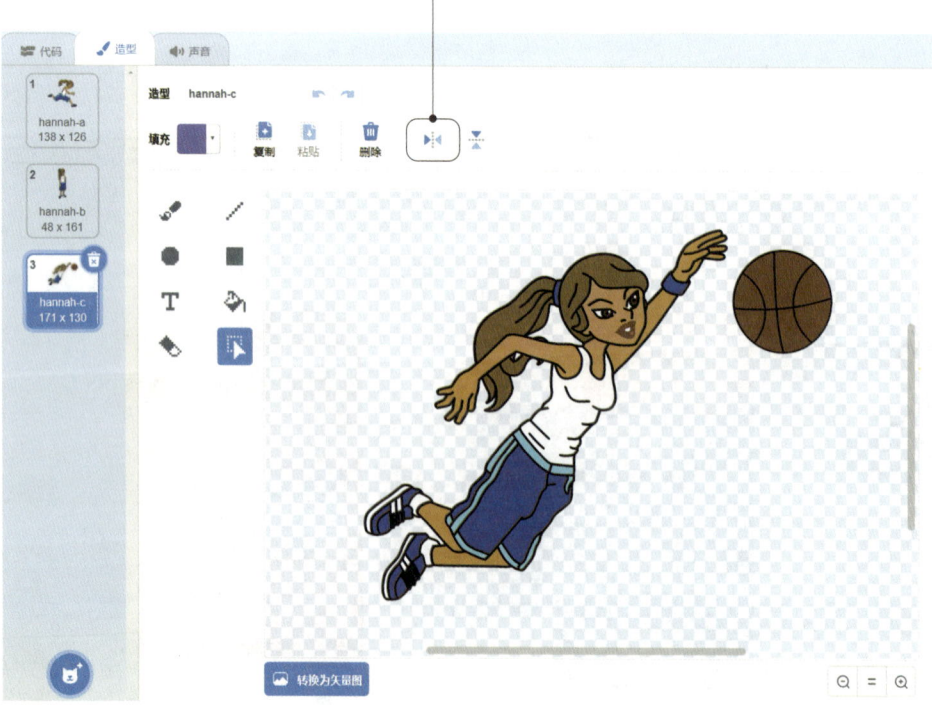